DESCRIPTION

GÉOLOGIQUE

DE LA RÉGION ANCIENNE

DE LA

CHAINE DES VOSGES.

DESCRIPTION
GÉOLOGIQUE
DE LA
PARTIE MÉRIDIONALE
DE LA
CHAINE DES VOSGES;

PAR M. ROZET,

CAPITAINE AU CORPS ROYAL D'ÉTAT-MAJOR, MEMBRE DE LA SOCIÉTÉ GÉOLOGIQUE ET DE LA SOCIÉTÉ DES SCIENCES NATURELLES DE FRANCE.

OUVRAGE ORNÉ DE PLANCHES.

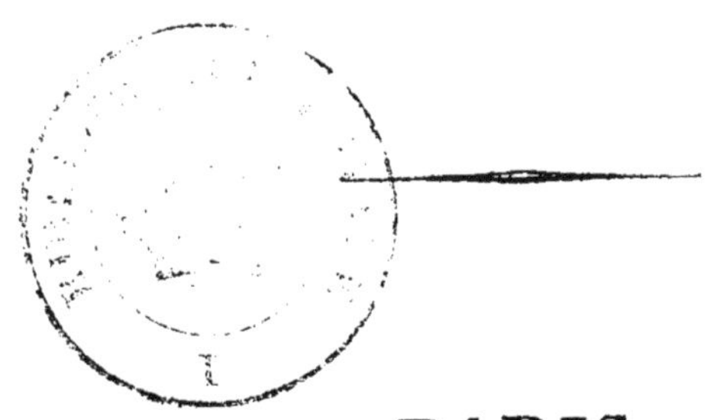

PARIS,

LIBRAIRIE ENCYCLOPÉDIQUE DE RORET,

RUE HAUTEFEUILLE, N° 10 BIS.

1834.

PRÉFACE.

La chaîne des Vosges, d'une partie de laquelle j'entreprends la description, a déjà été explorée par plusieurs géologues modernes. La confusion qui règne depuis le commencement de la science dans toutes les classifications proposées pour les roches cristallines qui entrent dans la composition des deux grandes époques géologiques nommées *terrain primitif* et terrain de *transition*; confusion qu'aucun de ces géologues n'a pu éclaircir, est cause que leurs travaux sont tous imparfaits. C'est parce que je suis parvenu à découvrir l'ordre naturel dans lequel ces roches sont disposées, et à reconnaître des faits entièrement nouveaux, que je crois utile de publier aujourd'hui la description des terrains anciens de la chaîne des Vosges, à l'étude desquels j'ai consacré quatorze mois entiers, pendant les années 1832 et 1833, tout en faisant la topographie du pays avec le plus grand soin.

Depuis long-temps M. Voltz, ingénieur en chef des mines à Strasbourg, étudiait les Vosges en recueillant de belles suites d'échantillons qui ornent aujourd'hui la collection géologique du musée de cette ville, lorsqu'en 1823, MM. Œynhausen, de

1

la Roche et Dechen, trois ingénieurs prussiens chargés par leur gouvernement de dresser une carte géologique des bords du Rhin, vinrent trouver ce savant qui leur communiqua très-généreusement tous les documens qu'il possédait.

Guidés par les indications de M. Voltz, les Prussiens parcoururent les Vosges pendant plusieurs mois, ils consacrèrent aussi un certain laps de temps à l'étude des montagnes de la rive droite du Rhin, et en 1825, ils publièrent une description géologique de ces deux chaînes, accompagnée d'une carte et de coupes très-détaillées (1). Ce travail renferme de si graves erreurs qu'il faut absolument *que les auteurs ne connussent pas les roches ou qu'ils n'aient pas visité une grande partie de la contrée qu'ils ont voulu décrire,* et principalement les points les plus remarquables. Voici quelques-unes de ces erreurs.

Le ballon de Guebwiller, le sommet le plus élevé de toute la chaîne des Vosges et le plus important sous le rapport géologique, composé d'un eurite compacte gris, légèrement grenu, est indiqué sur la carte des Prussiens, comme étant de granite.

Une belle siénite à grands cristaux constitue toute la masse du ballon de Servance, élevé de 1200 mètres au-dessus du niveau de la mer et celle des ramifications qu'il jette jusqu'à une certaine distance; cette montagne est décrite et coloriée comme une masse de conglomérats de porphyre noir.

---

(1) Geognostische charte der Rheinlaender zwischen Basel und Mainz, etc. (Berlin 1825).

Le versant occidental du grand rameau qui s'étend depuis ce point jusqu'à Remiremont, composé d'eurites, de porphyres et de granite, est indiqué par ces MM. comme du grès bigarré (*bunter sand stein*), je pourrais citer encore un grand nombre d'autres erreurs non moins graves. Dans les montagnes du Schwarzwald où il leur était moins permis, en quelque sorte, de commettre des fautes que dans celles des Vosges, leurs travaux sont tout aussi défectueux : entre Bâle et Fribourg, il existe beaucoup de montagnes d'eurites et de porphyres qui sont colorées tantôt comme du gneiss et tantôt comme du granite. Ce travail de MM. Œynhausen, de la Roche et Dechen, jouit cependant encore aujourd'hui d'une grande réputation qu'il n'a jamais méritée.

M. E. de Beaumont qui visitait les Vosges presque en même temps que les Prussiens, pour les reconnaissances qui doivent servir à dresser une carte géologique de France, publia, en 1828, un fort beau mémoire sur les terrains secondaires de ces montagnes, dans lequel il parla à peine des roches cristallines, sur lesquelles il annonça avoir l'intention de revenir plus tard.

M. Voltz, voyant paraître plusieurs écrits sur une contrée qu'il devait beaucoup mieux connaître que personne, se décida enfin à publier une partie de ses observations dans une brochure ayant pour titre *Géognosie de l'Alsace*. Une foule de faits nouveaux, parfaitement observés et qui m'ont été de la plus grande utilité, se trouvent consignés dans ce travail. Cet observateur n'admettant aucune des classifications proposées jusqu'alors pour les roches cristallines, groupa ces roches en deux grandes classes, (*formations stratifiées et formations non stratifiées*) dans lesquelles il rangea les roches plutôt minéralogiquement que géognostiquement; de là un grand nombre de divisions qui n'existent point dans la nature : des groupes réunis, (les phyllades et les porphyres par exemple), qui sont réellement séparés, d'autres séparés, les différentes espèces de porphyre qui appartiennent tous à la même formation; de plus, beaucoup de faits très-important ont échappé à M. Voltz; il parle à peine du leptinite qui forme une couche épaisse entre le gneiss et le granite, point du tout des trapps sur lesquels toutes les autres roches reposent; enfin il indique souvent les passages qui existent entre les différentes espèces de roches, mais il n'en tire jamais aucune conséquence, et il devait être bien loin de prévoir celles qui en résultent naturellement.

M. Walchner, professeur à l'institut polytechnique de Carlsruhe, a publié, en 1833, un traité élémentaire dans lequel se trouve réunie une grande partie des observations faites jusques alors dans les Vosges et le Schwarzwald. Certains rapports qui existent entre les roches cristallines, sont très-bien décrits dans cet ouvrage; mais ces roches ne sont pas placées suivant l'ordre qui leur convient, et l'auteur nous laisse encore dans la même incertitude que ses devanciers sur le rôle qu'elles jouent dans la composition de la croûte oxidée de notre planète.

La seconde livraison des mémoires de la société

d'histoire naturelle de Strasbourg, publiée en 1833, renferme une carte géologique du département de la Haute-Saône, dressée par M. Thirria, ingénieur des mines de ce département. Cette carte comprend une partie du versant occidental des Vosges, elle est fort mal dessinée et les contours des formations indiquées ne sont pas très-exacts. Dans une note explicative, l'auteur classe ses groupes géognostiques en allant de haut en bas. Il n'a pas compris le rôle que jouent les porphyres, puisqu'il en fait deux groupes, porphyres noirs et porphyres de transition; toutes les roches granitiques et granitoïdes sont comprises dans un seul groupe qu'il regarde comme le plus inférieur, ce qui n'est point du tout exact.

La société industrielle de Mulhausen vient d'orner son grand travail sur la statistique du haut Rhin, d'une fort belle carte géognostique dans laquelle se trouve compris le versant oriental des Vosges, jusqu'à la hauteur de Sainte-Marie-aux-Mines. Ici les contours des formations admises par l'auteur, sont assez exacts; mais ces formations ne correspondent pas toujours avec celles de la nature : les eurites, les porphyres, les diorites, les trapps, qui présentent des phénomènes si curieux, sont confondus avec les phyllades comme dans l'ouvrage de M. Voltz, le leptinite n'est point indiqué. D'après l'ordre de bas en haut, suivi dans la légende, il est évident que l'auteur de cette carte regarde encore le granite comme la roche la plus inférieure, et tout annonce qu'il a établi ses divisions d'après l'ouvrage de M. Voltz.

Dans la carte géologique de France que doit publier l'école des mines, on a rectifié une partie des erreurs commises par les Prussiens dans toute l'étendue de la chaîne des Vosges; mais il en reste encore beaucoup, que le peu de temps que MM. de Beaumont et Dufrenoy ont donné à l'étude ces montagnes ne leur a pas permis de reconnaître. Quant à l'ordre dans lequel les formations anciennes se succèdent, ces ingénieurs ne s'en sont point encore occupés dans les mémoires qu'ils ont publiés jusqu'à présent.

Tels sont les principaux ouvrages existant sur la contrée dont j'entreprends la description géologique; ils sont assez nombreux, et cependant elle n'est encore que très-imparfaitement connue. Les faits que je vais exposer feront voir combien tous les observateurs, dont je viens de citer les travaux, sont loin d'avoir placé les roches cristallines dans leurs positions naturelles, et combien de lois nouvelles et importantes leur ont échappé.

Pendant l'été de 1832, j'étudiai la région granitique sur laquelle s'étendaient mes opérations topographiques; le docteur Mougeot, de Bruyères, le docteur Lamoureux, de Nancy, le docteur Jacot, de Gérardmer et plusieurs jeunes amateurs de géologie, se réunirent à moi pour faire quelques courses dans les montagnes et étudier les filons d'eurite et de porphyre qui pénètrent le granite. Dans nos excursions, nous n'atteignîmes point la région euritique, ce n'est qu'au mois d'octobre que dans un voyage au ballon d'Alsace, je pus visiter une partie de cette région. Les grandes masses coniques d'eurite et de porphyre enclavées entre les siénites et le granite, me firent comprendre que là devait se trouver le nœud gordien; mais le peu de temps qui me restait à donner à l'étude de phénomènes aussi compliqués m'obligea, malgré tous mes désirs, à remettre cette étude à l'été prochain, pendant lequel j'espérais pouvoir revenir habiter les Vosges.

De retour à Paris, je communiquai mes premières observations à la société géologique et j'insérai, dans le bulletin de cette société (tome III, pag. 130, etc.), un résumé de mes communications, moins pour prendre date, que pour avertir les observateurs des grands résultats auxquels l'étude approfondie de la constitution géognostique des Vosges pouvait conduire.

M. le colonel Puissant ayant eu la complaisance de m'envoyer, pour les opérations de la carte de France, dans le pays même que je lui avais signalé comme le plus important à explorer, au mois d'avril 1833, j'allai me loger dans le village de Bussang, au fond de la grande crevasse, remplie de trapps, d'eurites, de porphyres et de diorites qui sépare les granites des siénites. Pour faire la topographie du pays, j'étais obligé de fouiller les vallées, les vallons et même les ravins, et c'est comme cela que je suis parvenu à découvrir les relations qui existent entre les différentes espèces de roches cristallines, et le rôle que jouent ces masses minérales dans la composition de la croûte solide du globe.

Le docteur Mougeot, auquel j'écrivais mes découvertes à mesure que je les faisais, vint avec son fils en vérifier l'exactitude. M. Bard, professeur à Roville, M. Puton fils, de Remiremont, qui s'occupe beaucoup de la géologie des Vosges, M. Jaquiné, ingénieur des ponts et chaussées à Epinal, vinrent aussi parcourir les montagnes avec moi, et reconnurent parfaitement tous les faits dont je leur avais annoncé l'existence.

Ayant eu l'avantage de faire connaissance à Mulhausen de M. Zuber-Karth, président de la société industrielle de cette ville, et de M. Gerber, jeune chimiste très-instruit, agent de la même société, j'eus ensuite le plaisir de visiter avec eux une partie des Vosges, et de recueillir en même temps une collection géologique qui est maintenant déposée dans le musée de leur société.

Plus tard, M. Zuber me conduisit dans le Brisgaw avec une partie de sa famille, et nous pûmes étudier les environs de Badenwiller et tout le massif du Kaiserstuhl.

Toutes les personnes que je viens de citer peuvent donner, aux observateurs qui voudront visiter les Vosges, beaucoup de renseignemens utiles. M. Mougeot, de Bruyères, qui possède une fort belle collection géologique de ces montagnes, et qui les connaît parfaitement, se fera toujours un plaisir de recevoir les géologues, et de leur indiquer les contrées les plus intéressantes à visiter.

Il travaillait depuis plusieurs années à une description géologique de son département, lorsque j'arrivai près de lui; il avait déjà réuni de nombreux matériaux qu'il a très-généreusement mis à ma disposition, et qui m'ont été de la plus grande utilité, surtout pour le grès rouge, et les autres formations secondaires qui se trouvent dans le département des Vosges, au pied du versant ouest de la chaîne; formations dont je suis obligé d'indiquer les limites, pour remplir mes engagemens envers la société d'émulation d'Epinal. Sur la proposition du docteur Mougeot, cette société a souscrit pour 1000 exemplaires de ma carte et 100 de mon ouvrage dès le mois de novembre 1833, peu de jours après que j'eus quitté les Vosges, et six mois avant l'impression de cet ouvrage.

C'est à cette marque de confiance de la société d'émulation que je dois d'avoir pu joindre à mon travail des coupes et une carte aussi détaillées, je la prie de recevoir mes remercîmens, et j'espère que la science lui en saura gré. Le président, M. Zuber, et quelques membres de la société industrielle de Mulhausen, ont également souscrit aussitôt qu'ils ont su que j'allais entreprendre une publication sur les Vosges.

M. Hogard, qui a habité long-temps les Vosges, m'a communiqué tous les renseignemens qu'il avait recueillis sur ces montagnes, et a bien voulu revoir avec moi les épreuves de cet ouvrage.

Mon travail est divisé en deux parties : la première renferme l'exposition des faits, sans mélange d'aucune idée théorique, dans la seconde je résume ces faits en peu de mots, et je déduis les conséquences auxquelles leur ensemble me paraît naturellement conduire. La carte donne les limites des groupes géognostiques, tous les points d'observation, et les directions dans lesquelles les coupes ont été prises. La partie montueuse est composée de massifs de soulèvement et de dénudation, d'après la nouvelle manière dont je pense que l'on doit maintenant envisager la formation des chaînes de montagnes. Les coupes représentent la superposition naturelle des masses minérales, et on peut aller les vérifier dans les directions où elles ont été prises, qui sont toutes exactement tracées sur la carte, et désignées par deux lettres répétées aux deux extrémités de chacune.

Dans cette préface, je ne suis point indulgent pour les géologues qui m'ont précédé, je demande qu'ils en agissent de même à mon égard. J'ai observé avec toute l'aptitude dont la nature m'a doué; mais il reste certainement encore beaucoup à faire; si j'ai commis des erreurs, j'espère qu'on les relèvera; mon but est la découverte de la vérité, et la controverse ne peut que lui être favorable.

DESCRIPTION

GÉOLOGIQUE

DE LA PARTIE MÉRIDIONALE

DE LA

CHAINE DES VOSGES.

INTRODUCTION.

L'observateur qui parcourra la portion de la chaîne des Vosges comprise entre les parallèles de Mutzig et de Béfort, portion presque entièrement composée de roches cristallines, sera frappé de l'aspect différent que présentent les montagnes : au sud d'une ligne brisée fort irrégulière, qui passerait par Saint-Bresson, Corravilliers (Haute-Saône), Ramonchamps, Bussang (Vosges), Odren, le Rotabac, Metzéral, Lautenbach, Rimbach et Guebwiller (Haut-Rhin), toutes les montagnes, à l'exception du massif des Ballons d'Alsace et de Servance, ont des formes coniques très-prononcées. Leurs pentes sont rapides, les vallées, étroites et profondes, commencent par un cirque très-évasé ; enfin les forêts, qui couvrent la plus grande partie de la surface du sol, renferment autant de hêtres que de sapins, quoique ce soit dans cette région que les montagnes sont les plus élevées.

Au nord de la ligne dont nous venons de parler, les montagnes qui bordent la vallée de la Bruche à l'est et à l'ouest, celles des environs de Senones, sur le versant occidental, présentent aussi les formes coniques et les autres caractères de celles de la région méridionale ; mais ces deux localtiés exceptées, toute la région septentrionale se distingue par ses formes aplaties, la largeur et la régularité de ses vallées, enfin par les belles forêts de sapins, qui couronnent presque tous ses sommets et descendent en ondulant jusque dans le fond des vallées.

Les deux régions que nous venons d'établir diffèrent, non-seulement par la forme des montagnes, mais encore par leur nature minéralogique : toutes les montagnes coniques sont composées de *trapp*, de *porphyre*, de *diorite*, d'*eurite*, roches intimement liées les unes aux autres, quoiqu'elles forment deux groupes distincts. Les montagnes aplaties et à sommets arrondis ont pour roches constituantes, *le granite, la siénite, le leptinite, le gneiss* et *le grès rouge*. Les *schistes* phyllades forment des collines peu élevées au pied des montagnes euritiques. La *houille* se montre dans plusieurs petits bassins dispersés sur toute la surface des Vosges et qui ne sont point liés entre eux. Enfin le grand attérissement diluvien occupe, dans les deux régions, le fond de toutes les vallées, et s'élève souvent jusqu'à une hauteur considérable sur les flancs des montagnes.

§ Ier.

FORMATION DES TRAPPS.

Dans le fond des vallées de la région méridionale, et surtout au pied des montagnes pétro-siliceuses les plus élevées (depuis Bussang à Wesserling, le long de la route et dans les vallées latérales, au pied du Gresson, du Rossberg, du ballon de Guebwiller, etc.), se montre une roche noire compacte, dont la cassure, conchoïde dans les parties massives, inégale dans les parties schistoïdes, présente beaucoup de petits points brillans. Cette roche sonne sous le marteau et se divise en fragmens rhomboédriques de toutes les grosseurs; c'est le *trapp* de tous les minéralogistes, l'*Aphanite* d'Haüy qui passe au *trappite* (de Brongniart), lorsqu'il renferme des cristaux (colline du Sachenat près Bussang). Le trapp est quelquefois très-massif (vallée de Rimbach, pied nord du Rossberg); mais le plus ordinairement il est fissile et même schistoïde : il passe sur quelques points au schiste argileux (Sondernach, Metzeral, etc.); mais les feuillets ne sont jamais très-étendus, et ils présentent toujours la forme rhomboédrique.

La masse du trapp est coupée par des fissures qui se croisent sous différens angles; beaucoup de ces fissures sont verticales ou très-inclinées à l'horizon, et donnent à la roche une fausse apparence de stratification, dont la direction la plus ordinaire est du sud au nord. En examinant avec soin les masses de trapp qui paraissent stratifiées, on reconnaît bientôt que les fissures ne conservent pas long-temps leur parallélisme, qu'elles s'interrompent tout d'un coup, qu'elles se joignent, et alors le strate se termine en coin; enfin qu'elles sont coupées par d'autres qui déterminent dans la masse plusieurs systèmes différens de stratification.

C'est le long de la route, depuis Bussang jusqu'à Urbay que les trapps stratiformes sont le mieux développés. A la fontaine d'eau minérale ils se présentent en couches peu inclinées, plongeant vers l'ouest; dans le ruisseau du Sachenat les couches sont verticales, elles le sont aussi dans l'escarpement de la route, depuis le Col jusqu'à Urbay. Là, elles se présentent quelquefois en retraite les unes sur les autres et offrent alors l'aspect d'escaliers verticaux.

Dans la vallée de Mollau, sur le flanc est de celle de la Thur, depuis Fellering jusqu'à Krüth, au pied nord du Rossberg, le trapp renferme des couches subordonnées d'un grès *pétro-siliceux* qui contient de petits fragmens de trapp et des débris de végétaux. Dans ses parties supérieures, au point de contact avec les eurites compactes, le trapp alterne avec ces roches; mais plus bas on n'y trouve point d'autres roches, en couches ou en masses, que le grès pétro-siliceux dont je viens de parler. Les diorites, qui sont très-abondans au milieu des eurites et des porphyres, disparaissent à la jonction de ces roches avec les trapps. Le quartz blanc et le spath calcaire forment des veines et même des filons dans la masse des trapps, qu'ils coupent dans toutes les directions. Souvent le quarz a rempli des cavités irrégulières, et il en est résulté des géodes tapissées de beaux cristaux de quarz-hyalin incolore.

Je n'ai jamais vu de minérais métalliques dans les trapps proprement dits; mais c'est de cette formation que sortent les fontaines minérales de Bussang, les eaux thermales de Baden-Willer dans le pays de Bade, et au-dessous de celle qui lui est immédiatement supérieure, que l'on voit sourdre un grand nombre des sources minérales et thermales des Vosges et du Schwarzwald. Ces faits me portent à considérer le groupe trappéen comme la *région des eaux minérales et thermales*, et à avancer que toutes celles qu'on voit sortir des granites, des gneiss et des autres roches feldspathiques (Plombières, Bains, Luxeuil, Bade, etc.), en proviennent, et sont élevées d'une grande profondeur par la presssion des fluides élastiques.

Les trapps schistoïdes et les grès pétro-siliceux, qui s'y montrent en couches subordonnées, renferment des empreintes végétales, ordinairement fort altérées, mais parmi lesquelles il s'en trouve cependant encore d'assez bien caractérisées pour qu'on puisse déterminer à quels genres elles appartiennent. M. Voltz y a reconnu des *Calamites*, des *Stigmaria* et des tiges analogues à celles des *Sagenaria;* l'intérieur de ces tiges est rempli par la matière même de la roche et l'extérieur est très-souvent carbonisé. Je n'ai jamais vu aucun débris du règne animal dans le trapp ni dans les roches arénacées qui alternent avec lui.

Le trapp s'enfonçant au-dessous de toutes les autres roches, je n'ai pu l'observer que sur une petite épaisseur, 20 ou 30 mètres au plus (pied du Rossberg, au nord et au sud, pied du ballon de Guebwiller, fig. 1 et 2); dans les autres localités on ne le voit que dans le fond des vallées, comme l'indique la carte. Il se montre bien jusqu'à une certaine hauteur sur les flancs et dans les escarpemens des montagnes (col de Bussang, montagnes au sud de ce village, surtout le versant est de la vallée de la Thur); mais alors il se trouve intercalé dans les eurites compactes, avec lesquels les couches ou plutôt les filons de trapp alternent régulièrement; il y a souvent passage insensible entre les deux roches, surtout quand les eurites ont une teinte noire.

Le grand nombre de fissures qui coupe les roches de cette formation, les empêche de pouvoir bien retenir les eaux, et quoiqu'elles soient le gisement des eaux minérales et thermales, les autres sources y sont peu nombreuses et le volume de leurs eaux n'est jamais bien considérable; la plupart tarissent pendant les fortes chaleurs de l'été.

Les trapps ne forment point des montagnes à eux seuls, et ne se montrent jamais à la surface du sol sur un espace très-étendu; cet espace est presque toujours aride ou tout au plus couvert de mousse, de graminées et de mauvais bois.

Les différentes variétés de ces roches étant toujours coupées par un grand nombre de fissures, il en résulte que les parties massives ne peuvent donner de pierres de construction, ni les parties schistoïdes fournir des ardoises. On emploie les unes et les autres pour charger les routes; mais elles résistent beaucoup moins, sous le choc des voitures, que les eurites et les porphyres.

§ II.

FORMATION ENTRITIQUE (1).

Des deux côtés de la route, depuis Saint-Maurice jusqu'à Saint-Amarin, sur les deux versans du chaînon qui s'étend

---

(1) J'emprunte ce nom à M. Brongniart (Tableau des terrains, etc., page 344) qui désigne ainsi un ensemble de roches, dont la pâte est comme lardée de cristaux, ou pétrie de nodules et de parties cristallisées confusément.

du ballon de Guebwiller au Rotabac, au pied du massif du Champ-du-Feu, et surtout dans les environs de Lutzelhausen; sur le versant occidental, à la Bourgonce, dans les environs de Raon l'Etape, etc., on voit les trapps alterner un grand nombre de fois avec des eurites compactes, véritable pétro-silex, *Hornstein*, dont les couleurs sont très-variables. Dans les variétés noires, il y a passage insensible des eurites au trapp ; c'est une eurite quand le feld-spath domine ; et un trapp, ou roche composée de feld-spath et d'amphibole à l'état très-compacte, quand les deux principes constituans sont en proportion égale ou quand l'amphibole domine. Lorsque la compacité de la roche diminue, ses principes constituans restant dans le même rapport, on a un diorite, roche qui se trouve toujours associée avec les eurites compactes(1).

Cette alternance des trapps et des eurites compactes prend un développement considérable dans les localités que nous avons citées plus haut ; elle forme des montagnes très-élevées (1100 à 1300 mètres), au sud de Bussang, aux environs d'Urbay, de Mollau, de Wesserling et de Saint-Amarin ; elle constitue une grande partie du massif dont le Ballon de Guebwiller est le centre.

Dans cette partie inférieure de la formation entritique, on retrouve les filons de quarz et de chaux carbonatée que nous avons déjà cités dans les trapps. C'est ici que les minérais commencent à se montrer ; il y a surtout une grande quantité de fer oligiste micacé, qui forme des veines dans les eurites et en tapisse les cavités, absolument comme s'il y avait été sublimé. Les filons et les veines métalliques ont pour gangue le quarz et la baryte sulfatée, accompagnés de chaux carbonatée et de spath fluòr.

Le mélange des trapps et des eurites forme, presqu'à lui seul, des montagnes qui atteignent jusqu'à 1200 mètres au-

---

(1) On voit d'après cela que je considère le trapp comme un composé d'amphibole et de feld-spath à l'état compacte.

dessus du niveau de la mer; il s'élève à plus de 1100 mètres dans les montagnes qui sont au sud de la vallée de la Moselle depuis Saint-Maurice jusqu'à Saint-Amarin, surtout le versant oriental de la vallée de la Thur, depuis Saint-Amarin jusqu'au Rotabac, dont il forme le sommet conique connu sous le nom de *Rotabac*. Au nord de la vallée de la Moselle et de la Thur, sur les deux versans du rameau qui part du ballon de Servance et longe la Moselle jusqu'à Remiremont, dans le massif du Champ-du-feu, la vallée de Senones où l'on est proche des masses granitiques, les trapps alternant avec les eurites, ne s'élèvent qu'à une très-petite hauteur, 600 à 700 mètres, et ne se montrent bien souvent pas du tout. Les eurites compactes se trouvent seuls formant une masse assez considérable, et ils sont rarement traversés par quelques filons de trapp, qui ont rempli des fentes de la roche, avec laquelle ils ne se lient point.

La couleur des eurites compactes des Vosges varie beaucoup; ils sont *blanchâtres*, *gris*, *verts*, *rouges*, *bruns* et *même noirs*, ce qui dépend d'une certaine quantité de fer, d'amphibole et d'autres substances colorantes, qui est venue s'y introduire. Ces roches sont massives, quoiqu'elles offrent souvent une fausse apparence de stratification; elles sont coupées par des fissures qui se croisent dans tous les sens. Le plus souvent, ces fissures se trouvent si rapprochées les unes des autres que sous le marteau les roches se divisent en un très-grand nombre de fragmens, qui affectent ordinairement la forme rhomboédrique (depuis Saint-Maurice jusqu'à St-Amarin, au pied du Champ-du-Feu; etc.); quelquefois les fissures ne sont pas si nombreuses (colline des Charbonniers, au pied nord du ballon d'Alsace, au nord de la vallée de la Thur, depuis Saint-Amarin jusqu'à Thann, dans la vallée de la Lauch, etc.); on peut en obtenir des fragmens assez gros, qui donnent de très-bonnes pierres de construction.

Des masses de *diorite* compacte, qui sont des *amphibolites* quand l'amphibole est très-dominant, se trouvent partout intercalées au milieu des eurites, avec lesquelles elles se lient toujours intimement, mais dont elles sont cependant bien distinctes par leur couleur et par leur manière d'être. Les diorites forment toujours une saillie au-dessus des eurites, ils sont divisés en gros blocs irréguliers, dont la couleur blanchâtre les fait reconnaître de loin. Sur les deux flancs des vallées de la Moselle et de la Thur, dans la vallée de la Savoureuse, depuis le pied du ballon d'Alsace jusqu'à Giromagny, les diorites ne se montrent que comme des masses subordonnées au milieu des eurites; mais dans d'autres localités, surtout le versant des Vosges qui tombe dans le département de la Haute-Saône, dans la vallée de Senones, le massif du Champ-du-Feu, et particulièrement dans la vallée de la Bruche, etc., les diorites sont en aussi grande abondance que les eurites. Ces roches passent les unes aux autres par degrés insensibles, se pénètrent réciproquement de toutes les manières; enfin tout annonce qu'elles ont été formées ensemble et sous l'influence des mêmes causes, seulement la matière était différente. Les filons de quartz, de chaux carbonatée, etc., traversent en même temps les eurites et les diorites.

La surface de ces roches est souvent boursoufflée comme celle des laves qui sortent encore aujourd'hui de l'intérieur du globe. La partie scoriacée acquiert quelquefois une épaisseur de plusieurs mètres, elle renferme souvent des noyaux de spath calcaire et des zéolithes.

Les eurites compactes et les diorites sont accompagnés de *conglomérats* et de grès *pétro-siliceux*, sur lesquels nous reviendrons plus bas. Ces roches présentent les mêmes empreintes végétales que nous avons déjà citées dans les trapps et les masses arénacées qui alternent avec eux; mais ce qu'il y a de très-remarquable, c'est que les eurites les plus compactes présentent ces mêmes empreintes. On en trouve beaucoup dans les environs de Massevaux, à Oberbarbach, à Thann, Bitschwiller, à Steinbach, etc. : ce sont des tiges creuses dont l'intérieur est rempli par l'eurite ou le grès, et l'extérieur presque toujours carbonisé; ce qui me porte à croire que les végétaux auxquels ces tiges ont appartenu ont été brûlés par la roche qui les a saisis.

Les eurites compactes avec les diorites se montrent, dans toute la région que nous avons dit être occupée par des montagnes coniques, au-dessus des trapps avec lesquels ils alternent dans leur partie inférieure. La puissance de leur masse est très-variable, car elles ne sont point séparées des roches qui les recouvrent et de celles qui les supportent, par des surfaces planes, mais bien par des surfaces courbes extrêmement compliquées; et au point de contact, toutes les roches pénétrant les unes dans les autres, il en résulte un enchevêtrement qu'on ne peut débrouiller qu'en observant sur une grande étendue.

Eurites porphyroïdes. Dans la partie supérieure on aperçoit de petits cristaux au milieu de la pâte compacte et les roches deviennent insensiblement porphyroïdes (*Hornstein porphyr.*) quand les cristaux se développent bien dans l'intérieur de la pâte compacte, on a de très-beaux porphyres, mais lorsqu'ils se développent mal on n'a que des porphyres peu caractérisés qui prennent bientôt du mica et même du quartz et passent à l'eurite granitoïde. C'est dans la région siénitique que les porphyres sont les plus beaux et les mieux développés (au sud des vallées de la Moselle et de la Thur), au nord de ces deux vallées dans le voisinage des granites, ce sont des eurites porphyroïdes ou des porphyres mal caractérisés. Nous allons d'abord nous occuper des phénomènes queprésente la formation entritique dans la région granitique et nous exposerons ensuite ceux qu'elle offre dans la région siénitique.

(Fig. 1 et fig. 3.) Si on suit la vallée de la Moselle depuis Ramonchampsjusqu'au col de Bussang, en étudiant les flancs des montagnes qui bordent la rive droite de cette rivière, au moyen des ravins qui les sillonnent et des escarpemens nombreux qu'ils présentent, on verra les eurites compactes passer insensiblement dans leurs parties supérieures, aux eurites porphyroïdes, rarement à de véritables porphyres, et les diorites qui les accompagnent suivre absolument les mêmes degrés de granulation. Les eurites porphyroïdes renferment toujours des cristaux d'amphibole et offrent certaines taches noires qui leur donnent quelque fois l'aspect tigré, et qui sont dues à l'accumulation de l'amphibole sur les points que ces taches occupent. La couleur des eurites porphyroïdes varie comme celle des eurites compactes, d'où ils tirent leur origine : ils sont très-bruns quand l'amphibole s'y trouve en grande quantité, et au contraire leurs couleurs sont pâles quand ce minéral manque, ou qu'il ne s'y montre qu'en petits cristaux disséminés. Les deux variétés d'eurite dont nous parlons, se pénètrent de toutes les manières et présentent des enchevêtremens, comme ceux que nous avons observés entre les trapps et les eurites compactes.

Ces roches sont accompagnées de conglomérats et de grès pétro-siliceux qui sont souvent rejetés sur les flancs et au pied des montagnes, mais qui se trouvent aussi intercalés dans la masse; elles présentent des parties scoriacées et des amygdaloïdes comme les précédentes. Les fissures qui les coupent les divisent en fragmens irréguliers offrant souvent une fausse apparence de strates ; elles sont aussi coupées par des veines et des filons de quarz blanc et de calcaire spathique, mais on n'y observe que très-rarement des filons de trapp.

Les roches arénacées renferment les mêmes débris végétaux que nous avons déjà cités; mais je n'en n'ai point trouvé dans les roches porphyriques, néanmoins je ne les en crois pas dépourvues.

Eurites granitoides. En continuant à s'élever sur les flancs des montagnes, on voit les eurites porphyroïdes prendre du mica, même du quarz sur certains points et devenir un eurite granitoïde bien caractérisé, mais dans lequel le feldspath (orthose) conserve encore une grande compacité. A la même hauteur, le feldspath s'est développé dans les diorites, l'amphibole est devenu lamellaire, quelques cristaux de quarz commencent à s'y montrer; en un mot la roche est devenue un *diorite granitoïde*. Plus on s'élève plus la granulation augmente et plus le feld-spath perd de sa compacité. Enfin, on arrive à une roche dans laquelle tous les élémens sont distincts, le feld-spath autant compacte que lamellaire et que l'on peut aussi bien nommer un *granite euritique* qu'un *eurite granitique*. De celle-ci au granite il n'y a qu'un pas : le feldspath devient lamellaire, le quartz et le mica sont bien évidens, et on a un granite qui se modifie ensuite suivant les localités. Dans le même temps, les diorites sont passées à une siénite renfermant du mica, et qui par la perte graduelle de son amphibole, passe elle-même insensiblement au granite.

Les phénomènes que je viens d'exposer sont les mêmes sur toute la ligne brisée qui sépare le granite de la formation entritique et dans tout le massif du Champ-du-Feu. Les localités où les roches se montrent le mieux à découvert, et où, par conséquent, on peut le mieux suivre leur succession, sont depuis le Tillot jusqu'à Bussang, au nord de la route; le chaînon qui part de la tête des corbeaux (fig. 3) au-dessus de Bussang et va se terminer près de Saint-Maurice est un endroit classique : là, on trouve les diorites et toutes les variétés d'eurite jusqu'au granite. Dans le département de la Haute-Saône, depuis Saint-Bresson jusqu'à Corravillers; de Corravillers à Faucogney, etc., les phénomènes se présentent dans le même ordre; ici les eurites renferment de nombreuses masses de diorite qui suivent la même loi de granulation qu'eux. Entre Servance et Faucogney, il y a beaucoup de porphyres bruns et rouges ainsi que quelques masses de porphyre vert. Les trapps alternant avec les eurites compactes, se montrent çà et là dans le fond des vallées, et au pied des collines qui sont les dernières ramifications de la chaîne des Vosges dans le département de la Haute-Saône.

Depuis Saint-Bresson jusqu'à Servance, les eurites compactes, et même les porphyres, sont coupés par des filons et de nombreuses veines de quarz blanc. La matière quarzeuse est quelquefois si abondante qu'il en résulte une brèche euritique dont le ciment est quarzeux. Les fragmens d'eurite empâtés dans le quarz ne sont point du tout altérés; les angles sont encore très-vifs et les deux roches semblent intimement liées l'une à l'autre, quoique la séparation soit bien tranchée par la couleur différente du quarz et du pétrosilex. Le quarz a pénétré dans les cavités des eurites et y a formé des géodes de formes très-variables dont l'intérieur est tapissé de cristaux.

Dans le Valdajot, au lieu dit la Vallée-des-Roches, deux masses euritiques pénétrées de quarz blanc et offrant beaucoup de fentes et de géodes tapissées de cristaux, sortent dans le fond de la vallée, du pied des montagnes granitiques qui en forment les flancs. Au pied du Gresson, dans la vallée de Rimbach, les eurites et les porphyres présentent aussi les mêmes phénomènes. Ici le quarz est accompagné de fer oligiste micacé qui tapisse fréquemment les cavités.

Le passage des eurites au granite se voit aussi très-bien dans tout le massif du Champ-du-Feu (fig. 1) dont le groupe euritique forme la base, le granite et la siénite occupent la partie supérieure. Dans cette contrée, les roches amphiboliques sont très-abondantes et passent insensiblement à la siénite qui occupe le centre du grand plateau; mais, en marchant vers le nord et vers le sud, on voit cette roche perdre son amphibole, prendre du mica et passer insensiblement au granite. Les eurites et les porphyres renfermant des diorites, sont aussi très-bien développés sur tout le flanc occidental de la vallée de la Bruche. Ces roches arrivent jusqu'à la crête de la chaîne, où elles disparaissent sous le grès vosgien qui les recouvre. On les voit encore se granulier au fur et à mesure qu'on s'élève sur le flanc; mais de ce côté, il n'existe point de véritable granite, toute la crête est recouverte par le grès vosgien.

A la même latitude que la vallée de la Bruche, sur le versant occidental des Vosges, le grès rouge descend très-bas, mais dans la vallée de la Meurthe aux environs de Raon-l'Etape, dans la vallée de Senones, depuis Saint-Blaise jusqu'à la Petite Raon, dans les environs d'Estival, depuis la Bourgonce jusqu'à Saint-Michel, les roches pétrosiliceuses se montrent au pied des montagnes du grès vosgien. Elles sont accompagnées de beaucoup d'eurites et sont souvent scoriacées. Il existe un très-beau banc de spilites qui s'étend depuis Moyenmoutiers jusqu'à Senones : ces spilites sont recouvertes par des couches horizontales de grès vosgien avec lequel elles ne se lient aucunement. Dans les parties les plus basses de la vallée de Senones près de Raon-l'Etape, et à la Bourgonce, les trapps alternent avec les eurites compactes sur une très-petite épaisseur; mais ensuite viennent les eurites compactes, qui passent aux porphyres et aux eurites porphyroïdes.

Entre Saint-Blaise et Raon-l'Etape, sur les deux rives de la Meurthe, des masses d'une *pegmatite* granulaire à gros grains reposent sur les eurites. Cette roche sur laquelle nous reviendrons dans le paragraphe suivant, se trouve également dans la vallée de la Bruche.

Si en quittant le fond de la vallée de la Moselle, depuis Ramonchamps jusqu'au col de Bussang et même jusqu'à Wesserling en passant de l'autre côté du col, on marche vers le sud au lieu de marcher vers le nord comme nous venons de le faire (fig. 5), on verra les mêmes phénomènes se reproduire absolument dans le même ordre ; mais de ce côté, au lieu de mica on a de l'amphibole, et les eurites en se granulant de plus en plus passent à la siénite la mieux caractérisée. C'est en suivant la route de Saint-Maurice à Béfort par le ballon d'Alsace qu'on peut le mieux observer tous les passages, parce que la route étant taillée dans les roches, elles sont très-bien à découvert.

Les eurites compactes autour de Fresse et de Saint-Maurice, occupent seuls le fond de la vallée. A Saint-Maurice, en suivant la route on les voit passer à des porphyres mal caractérisés, dans lesquels l'amphibole et le quarz se montrent bientôt, et on arrive à une roche granitoïde qui, à une certaine hauteur, devient une véritable siénite. Dans le passage de l'eurite porphyroïde à l'eurite siénitique bien caractérisé, l'amphibole se trouve quelquefois disposé comme le mica dans le gneiss, et on a un *gneiss siénitique*; mais cette variété ne prend jamais un grand développement et ne tarde pas à passer aux roches granitoïdes.

En suivant la route du ballon, on rencontre la siénite peu après le pont qui est à un coude de cette route au tiers de la hauteur, cette roche est d'abord à petits grains et renferme peu de quarz; mais la grosseur des cristaux augmente et on arrive bientôt à une belle siénite, composée de grands cristaux de feldspath rose et de quarz vitreux avec peu d'amphibole. En continuant à suivre la route, on marche sur la siénite jusqu'au pied du versant sud, au hameau de Malveaux, où la grosseur de ses grains commence à diminuer, et on arrive insensiblement à un beau porphyre brun qui passe aux eurites compactes et grenues dans lesquelles sont les filons de Giromagny. Les eurites renferment des diorites qui passent au porphyre vert et ensuite à la siénite par les mêmes degrés que les eurites. Il existe une fort belle masse de diorite passant au porphyre vert entre le Chantoisot et la Goutte-Thiéry, ces diorites sont accompagnés d'une brèche, fort remarquable, composée de fragmens dont les angles sont très-peu émoussés réunis par le diorite lui-même. J'ai observé tout près de là un fait très-curieux : sur le côté de la route, dans un escarpement d'eurite compacte qui n'est point du tout stratifié, se trouve une fente de 10 mètres de large (fig. 6) remplie par des strates minces mais très-réguliers, de grès pétro-siliceux et de trapps schistoïdes alternant régulièrement entre eux. Ces roches doivent contenir des débris végétaux, mais je n'en n'ai point découvert cependant. Cette portion stratifiée, à ses deux extrémités latérales se lie intimement avec la roche massive qui la renferme.

Le passage des eurites compactes à la siénite, se voit très-bien encore dans tous les ravins et les lits des ruisseaux qui sillonnent le versant sud de la vallée de la Moselle depuis Saint-Maurice jusqu'à Ramonchamps, dans la colline des charbonniers au pied du ballon d'Alsace et du Gresson, dans toutes les vallées et sur les crêtes des départemens de la Haute-Saône et du Haut-Rhin qui convergent vers les ballons d'Alsace et de Servance. C'est dans cette région que les porphyres sont les plus beaux et le mieux dévelopés; ils sont presque toujours colorés par l'amphibole et leur teinte varie depuis le rouge pâle jusqu'au noir. Les beaux porphyres bruns se rapprochant beaucoup du porphyre antique, se trouvent au pied sud des massifs des ballons d'Alsace et de Servance; dans la vallée de la Dolleren les couleurs sont très-foncées et les porphyres bruns deviennent souvent noirs. Au château ruiné de Rosemont et dans une partie de la montagne qui le domine à l'est, le porphyre est rouge de brique, et renferme alors beaucoup de cristaux d'amphibole vert. Le même porphyre se trouve dans la commune d'Oberburbach, où il forme un beau cône au-dessus d'une ferme nommée *la Boutique*. Toutes ces variétés de porphyre se pénètrent réciproquement, passant les unes aux autres, contiennent les mêmes minéraux, sont traversées par les mêmes filons et appartiennent enfin à la même époque; les porphyres verts, qui sont surtout très-bien développés au nord-est de Massevaux et dans la vallée d'Oberburbach, alternent avec elles et y passent même d'une manière insensible. Ces porphyres proviennent des diorites compactes au milieu desquels les cristaux de feld-spath se sont développés, l'étendue de leur masse est partout en rapport avec celle des diorites.

Dans la région siénitique, les diorites sont toujours plus abondans que dans la région granitique, ils passent alors à la siénite simultanément avec les eurites et de la même manière. Dans les communes d'Oberbruch et de Rimbach, surtout dans la vallée d'Hermsbach, le diorite est la roche principale, et il passe à la siénite qui constitue les montagnes voisines. Dans cette contrée, le feldspath est blanc et les cristaux de la siénite sont moins gros qu'aux ballons d'Alsace et de Servance.

Toutes les roches compactes et porphyriques de la région siénitique, sont accompagnées de conglomérats et de grès pétrosiliceux comme celles de la région granitique. Ces roches arénacées renferment aussi des fragmens de *stigmaria* et de *calamites* ; les roches compactes en offrent aussi quelques-uns. Enfin, quoique celles des deux régions diffèrent par leurs teintes et quelquefois un peu par leur structure, leur liaison intime et tous les autres caractères géognostiques prouvent qu'elles appartiennent au même groupe : elles deviennent également scoriacées et amygdaloïdes sur un grand nombre de points. Au Barenkopf et dans la vallée de la Dolleren, les eurites compactes et les porphyres sont très-scoriacés. Sur la crête du Gresson et au Rossberg, ils passent à de belles amygdaloïdes qui ont la plus grande ressemblance avec celles du Drac, les cavités sont remplies par du calcaire et des zéolithes ; au Rossberg les conglomérats porphyriques sont très-abondans. Depuis Massevaux jusqu'à Thann, dans la vallée de la Thur, les porphyres descendent du sommet des montagnes jusque dans la plaine du Rhin où ils s'enfoncent sous le terrain tertiaire et les alluvions. Depuis Willer jusqu'à Thann, ils sont très-bien développés et ils renferment quelques masses puissantes de diorites. Près de cette ville, j'ai vu une masse de diorite granitoïde, exploitée pour les constructions, qui présente des nodules feldspathiques très-analogues aux orbicules du diorite orbiculaire de Corse. Comme les orbicules sont mal caractérisés, j'ai nommé cette variété *diorite suborbiculaire*. Ce fait me porte à penser que le diorite de Corse appartient au groupe entritique, comme celui-ci.

Le quarz blanc, le calcaire spathique et la baryte sulfatée pénètrent en filons très-puissans, et forment aussi des veines dans toutes les roches du groupe entritique. Ces substances servent ordinairement de gangue aux métaux dont ce groupe est le gisement principal ; ceux que l'on trouve dans les formations supérieures (granite, siénite, leptinite gneiss et phyllades) prennent leur origine dans les porphyres et les eurites qui les ont portés dans les autres roches en y pénétrant, comme nous le prouverons en les décrivant.

J'ai dit que la formation trappéenne était la région des eaux minérales et thermales, la formation entritique est à son tour la région des minérais métalliques : les filons de

Weegscheid, de Giromagny, de Plancher-les-Mines, des environs de Bussang, etc., qui renferment du *cuivre pyriteux*, du *cuivre gris*, de la *galène argentifère*, du *fer carbonaté*, du *fer oligiste* et du *fer hydraté*, dans une gangue de quarz blanc avec chaux fluatée, spath calcaire, barytine, etc., gisent dans les eurites compactes, les porphyres, et pénètrent dans les eurites granitoïdes.

Les mines de Château-Lambert et du Tillot, qui renferment les mêmes minérais avec le *sulfure de molibdène*, s'étendent depuis les eurites compactes jusque dans la siénite qui les recouvre; les filons de cette localité sont maintenant épuisés, mais ils étaient nombreux et fort riches. Les Espagnols, maîtres de la Franche-Comté, les exploitaient sur le versant sud de ce chaînon qui s'étend depuis le ballon de Servance jusqu'à Remiremont, tandis que les Français travaillaient sur le versant nord. Beaucoup de filons traversant la montagne, les mineurs se rencontrèrent et se battirent; enfin on fut obligé de planter des bornes dans l'intérieur des galeries, pour fixer à chacun sa limite et mettre fin à cette guerre souterraine.

C'est également dans les eurites et les porphyres que se trouvent tous les filons de fer de la colline des Charbonniers au pied du Gresson, de la tête des Neuf-Bois, au sud du col de Bussang, des vallées de Guebwiller, de Saint-Amarin (environs de Bitschwiller) et de Massevaux, qui alimentent les hauts-fourneaux de Willer, de Bitschwiller et de Massevaux. Les minérais de ces filons sont *du fer carbonaté, du fer oligiste micacé et métalloïde* en petite quantité, *du fer hydroxidé compacte, hématite et scoriacé,* souvent accompagné *de manganèse* qui nuit beaucoup à la qualité du métal qu'on en retire. Le quarz est encore la gangue de ces minérais, ils sont aussi quelquefois renfermés dans des matières argileuses et de la barytine.

Quelques-uns des filons que nous venons de citer pénètrent jusque dans les roches granitiques, où ils se perdent : à Séewen on en a suivi plusieurs bien avant dans la siénite, et on en exploite maintenant un dans le granite, à l'ouest de Fellering, sur le Steinberg.

Les riches filons de Framont, que l'on exploite avec tant de succès depuis long-temps, appartiennent encore à la formation entritique; là les roches pétrosiliceuses ont soulevé les phyllades et les calcaires de la même époque en pénétrant dedans. Les filons, qui sortent des porphyres et des eurites porphyroïdes, se trouvent particulièrement entre les deux formations; c'est là que le minérai est le plus abondant et que se trouvent toutes les galeries d'exploitation. Ce minérai est *du fer oligiste compacte*, *micacé et métalloïde*, il forme beaucoup de belles géodes tapissées de cristaux, que l'on trouve dans tous les cabinets de minéralogie; il est dans une gangue de quarz accompagné *de chaux carbonatée*, *de chaux fluatée*, *de cuivre gris* et d'un peu de *cuivre pyriteux*. La gangue est aussi quelquefois une matière argileuse jaunâtre, qui remplit des fentes entre les phyllades et les porphyres. Le terrain des environs de Framont est le même que celui qui constitue le fonds de la vallée de la Bruche et la base du Champ-du-Feu; nous aurons occasion d'y revenir encore plusieurs fois, en parlant des phyllades de transition et du grès rouge. Enfin dans la forêt Noire, le beau filon de *galène* de Badenwiller, que l'on exploite au milieu d'une gangue de quarz blanc et de barytine renfermant beaucoup de cristaux de *chaux carbonatée* et de *chaux fluatée*, gît également dans les eurites compactes et porphyroïdes, et je suis persuadé qu'il en est de même pour les autres filons métalliques que l'on exploite dans les montagnes de la rive droite du Rhin, depuis Bâle jusqu'à Fribourg.

Sur le versant occidental des Vosges, on a aussi trouvé beaucoup de mines dans les roches pétrosilceuses; mais on les a peu exploitées, soit qu'elles ne fussent pas riches, soit faute de combustible pour les traiter. Près de Servance, il existe une mine de fer très-abondante, et dont l'exploitation a été abandonnée. Dans la vallée de Senones, il y a aussi des traces de substances métalliques; mais je ne sache pas qu'elles aient jamais donné lieu à aucune recherche.

Tous les faits que je viens d'exposer montrent combien la formation qui nous occupe est riche en métaux; nous verrons bientôt les différentes roches qui la composent pénétrer dans les formations supérieures (granite, leptinite gneiss, etc.), et porter avec elles les minerais qu'elles renferment dans leur masse principale.

Toutes les roches du groupe entritique, venons-nous de dire, pénètrent, en filons et en masse plus ou moins considérables, dans les groupes supérieurs. Les roches compactes de ce même groupe, eurites, trapps et diorites, poussent aussi des ramifications dans celles qui les recouvrent, et les porphyres entrent également dans tous les eurites granitoïdes. L'ascension des roches compactes et porphyroïdes, a produit de grands bouleversemens dans les roches granitoïdes: elles les ont percées en s'élevant en cônes au milieu d'elles et rejetant leurs débris sur les flancs des montagnes.

Dans la vallée de la Moselle, depuis le pont de Saulx jusqu'au col de Bussang, on peut voir de nombreux exemples de ce fait. Le chaînon qui s'étend depuis Saint-Maurice jusqu'à La Tète-des-Corbeaux (fig. 3), offre beaucoup de petits cônes d'eurite compacte au pied et sur les flancs desquels gisent les fraguemens de la croûte granitoïde qu'ils ont percée. A la base de toutes les grandes montagnes euritiques (fig. 1 et 2), (ballon de Guebwiller, Rossberg, Rotabac, massif du champ du feu, etc.), et jusqu'à une certaine hauteur sur les flancs, on trouve des lambeaux plus ou moins considérables de roches granitoïdes et granitiques : le sol occupé par la formation entritique est parsemé de nombreux blocs de granite dans la région granitique, de siénite dans la région siénitique qui se trouvent jusque sur les sommets des montagnes, et que je crois être les débris de la croûte granitique, brisée par l'éruption des roches inférieures.

Les trapps qui ont pénétré dans les eurites compactes les ont aussi soulevés : sur la route d'Alsace, de Bussang à Urbay on voit plusieurs masses d'eurite compacte, primitivement horizontales, fortement arquées, et dans la courbure se montre le trapp dont la partie supérieure alterne avec l'eurite.

Cette pénétration des roches supérieures par les roches inférieures, fait que les différentes espèces ne sont point séparées les unes des autres par des plans, mais bien par des surfaces courbes extrêmement compliquées. Il en résulte que pour bien déterminer les relations qui existent entre elles, il faut pouvoir les observer sur une grande étendue ; autrement on ne parviendrait jamais à savoir quelles sont les plus anciennes et les plus nouvelles, puisqu'au point de contact elles se pénètrent toutes réciproquement. La manière dont les alluvions et les éboulemens sont disposés sur les pentes, fait voir, dans une localité le trapp dans l'eurite, dans une autre l'eurite dans le trapp ; il en est de même pour les porphyres et les eurites de différentes espèces. Mais lorsque l'on étend ses observations sur un grand espace, comme sur tout le massif du Champ-du-Feu, dans la vallée de la Moselle, depuis son origine jusqu'à Ramonchamps, sur les flancs des ballons d'Alsace et de Servance, etc., on reconnaît qu'il existe un ordre régulier et constant. C'est pour ne s'être pas conformé à ces principes, que l'on a si mal compris jusqu'à ce jour la disposition des différentes roches qui entrent dans la composition des terrains anciens.

Toutes les roches du groupe eutritique ont été altérées sur certains points, tant par le liquide qui a déposé le grès rouge, que par les agens atmosphériques qui agissent encore sur les portions décomposables soumises à leur action. Il en en est résulté des *argilolithes* dans les eurites compactes, des *argilophyres* (*thonporphyr*) dans les porphyres et les eurites granitoïdes, qui ne sont pas très-près du granite : ces derniers et les eurites granitiques, en se décomposant, donnent des sables, comme le granite qui les recouvre. Les parties scoriacées et amygdaloïdes ont aussi été décomposées et ont donné naissance à une roche rouge de brique, renfermant des globules blancs, très-tendres ; c'est l'*argilophyre globaire* de M. Brongniart. Cette roche est très-commune dans le Valdajot et sur le versant opposé des montagnes auxquelles appartient la crête où cette vallée a son origine. Les argilolithes et les argilophyres sont abondans à la base des massifs du Baerenkopf et du Rossberg, surtout dans les vallées latérales à celle de la Dolleren : on les voit là intimement liés aux eurites et porphyres d'où ils procèdent et y passer insensiblement en allant de haut en bas. Au pied sud de la chaîne, ces roches se trouvent entre le grès rouge et la formation entritique ; nous dirons, en parlant de ce grès, comment elles se lient avec lui et les fausses apparences qui résultent de cette liaison.

En sortant de Massevaux par la route de Rougemont, on exploite, pour charger cette route, un eurite granitoïde bleuâtre, avec veines de fer hématite, dont la décomposition a produit un sable que l'on emploie pour faire du mortier. Tous les argilolithes et les argilophyres des environs du Valdajot, proviennent de la décomposition des roches pétrosiliceuses; il en est de même de ceux des vallées de la Meurthe, de la Bruche, de Sénones, etc. La roche quarzifère qui s'étend depuis St-Michel jusqu'à l'Hôte du bois, et que l'on exploite comme pierre meulière depuis un temps immémorial, n'est qu'un eurite granitoïde altéré, renfermant beaucoup de cristaux de quarz-hyalin. Enfin je crois pouvoir assurer que toutes les roches des Vosges, que l'on nomme argilolithes, argilophyres et kaolins, proviennent de l'altération des masses pétrosiliceuses, et des pegmatites granulaires qui gisent à la partie inférieure du granite.

Les opérations de nivellement de la carte de France m'ont fourni le moyen de calculer la puissance de la formation entritique sur cinq points différens, très-éloignés les uns des autres, et j'ai trouvé :

A l'est de la vallée de la Thur, ...	700	m.
Du pied du Drumont au sommet	710	
Du pied du Rossberg au sommet.	696	
Du fond de la colline des Charbonniers à la crête du Gresson.	648	

Du village de Kirchberg au sommet du Rossberg 700 m.

Ce qui donne 691 mètres pour la puissance moyenne.

Comme l'indique la carte, cette formation a pris un développement très-considérable dans la partie méridionale des Vosges, où elle occupe, au sud de la ligne brisée dont nous avons parlé, un espace de cinq myriamètres de long, de l'est à l'ouest, sur plus de deux de large. L'espace presque rectangulaire qui comprend le massif du Champ-du-feu et le versant occidental de la vallée de la Bruche, a deux myriamètres du nord au sud, et un et demi de l'est à l'ouest; enfin dans la vallée de Senones, le groupe eutritique se montre sur une bande étroite, de plus d'un myriamètre de long. Il constitue les montagnes les plus élevées de la chaîne : le ballon de Guebwiller, qui atteint 1426 mètres au-dessus de la mer, la grande Berrs, 1250; le Baërenkopf, le Rossberg, le Rotabac, etc., dont la hauteur varie entre 1180 et 1220 mètres.

Toutes les montagnes ont des formes coniques très-prononcées, elles présentent sur leurs flancs des dépressions plus ou moins profondes, qui sont des portions de surfaces coniques dont le sommet est en bas. Les vallées commencent toutes par des cirques qui ont la même forme, et elles vont ensuite en se rétrécissant jusqu'à une certaine distance. Plusieurs de ces cirques sont très-profonds, et les eaux, se réunissant dans la partie inférieure, forment des lacs dont le trop-plein coule par une coupure étroite (Sternsee, lacs de Neuweyer, etc.). Dans ce cas la base supérieure du cône dépasse une demi-circonférence, et quelquefois les deux extrémités de la fracture se rapprochent beaucoup. Les parois de ces cirques sont couvertes d'aspérités, sillonnées par des déchirures allant de bas en haut, ce qui annonce qu'ils sont le produit d'une action violente, comme l'éruption d'une masse gazeuse qui se serait fait jour à travers une substance liquide ou pâteuse.

Les montagnes euritiques ne sont point placées au hasard; elles font toutes partie de massifs particuliers, qui offrent des caractères extrêmement remarquables, et entre lesquels il existe des relations qu'on n'avait point encore aperçues. Chaque massif a une partie centrale (voyez la carte), de laquelle divergent des productions qu'elle envoie dans tous les sens, comme les rayons d'un cercle (le Rossberg, le ballon de Guebwiller, etc.); seulement ces productions ne sont pas d'égale longueur. Le centre d'un pareil système est toujours un cône; c'est généralement le point le plus élevé du massif. Il arrive cependant quelquefois qu'il existe à une certaine distance un autre cône plus élevé que lui (au Drumont), mais c'est une exception. Toutes les productions du centre vont en s'abaissant à mesure qu'elles s'en éloignent, elles jettent dans leur cours des ramifications secondaires, qui se ramifient à leur tour une et même deux fois. Ces ramifications sont terminées par des crêtes assez étroites, qui sont garnies de petits cônes peu éloignés les uns des autres, ce qui leur donne un aspect dentelé qui les fait reconnaître de loin; et comme les cônes sont généralement fort escarpés, ce n'est qu'avec une peine infinie que l'observateur peut marcher sur ces crêtes, où il se trouve arrêté à chaque instant. Entre les diverses productions d'un centre il existe des vallées profondes, commençant toutes par un cirque, en sorte qu'il est flanqué de tous les côtés de dépressions coniques, généralement très-profondes et desquelles partent des ruisseaux, dont les eaux vont arroser la campagne qui se trouve à leur pied. Autour du cône principal il existe souvent plusieurs autres cônes moins considérables, centres de massifs secondaires, dont les ramifications divergent aussi comme celles du cône principal. Les massifs sont toujours liés à celui dont ils ne sont qu'une dépendance.

Tout l'espace occupé par la formation entritique présente un grand nombre de semblables massifs, disposés les uns à côté des autres sans aucune régularité, et qui ne se trouvent point surtout rangés suivant des lignes droites comme l'ont avancé quelques géologues. Chaque centre paraît indépendant de ceux qui l'avoisinent, et pousse ses productions dans tous les sens, comme s'il était seul. Quand les productions de deux centres viennent à se rencontrer, il y a un col au point de contact, d'où partent des vallées opposées : c'est un point de rebroussement dans la courbe qui forme la crête de chacune des ramifications et joint les deux centres.

Les principaux massifs de la formation entritique, ont pour centre, *le Plainet, le ballon de Saint-Antoine*, dans le département de la Haute-Saône, *le Barenkopf, le Rossberg, le Gresson, la Berss, la tête des Neuf-Bois, le Drumont, le ballon de Guebwiller et le Mulkenrhein*, dans la forêt de Ruffach. Le Champ-du-Feu a pour centre un plateau granitique qui repose sur les eurites. A l'ouest de la vallée de la Bruche, il y a un centre à la Chaume au-dessus de Plaine; enfin, le Donon me parait être le centre d'un massif situé au nord de la vallée de Framont, qui aurait été recouvert par le grès vosgien. Ce que je viens de dire pour les Vosges a également lieu pour la forêt Noire, surtout dans la portion comprise entre Bâle et Fribourg, où les eurites et les porphyres sont très-bien développés.

Toutes les roches de la formation entritique étant coupées par de nombreuses fissures, retiennent difficilement les eaux, en sorte que les sources sont peu communes; mais elles le sont cependant davantage que dans les trapps. La plupart de ces sources tarit pendant l'été, surtout dans le sol occupé par les eurites compactes et les porphyres. Dans les eurites granitoïdes, elles sont plus nombreuses et plus abondantes. J'ai pu prendre la température de plusieurs de ces sources qui sortent immédiatement de la roche, et j'ai trouvé qu'elle varie entre 8° et 10° centigrades, dans les eurites compactes, les porphyres et les parties inférieures des eurites granitoïdes.

Le sol occupé par les eurites compactes, les eurites porphyroïdes, les porphyres et les diorites, n'est pas fertile. Les pentes recouvertes de débris, (flanc sud de Drumont, environs de Wesserling, de Saint-Amarin, etc.), sont arides; les portions où il y a une petite couche de terre végétale, sont couvertes de forêts dans lesquelles le hêtre est toujours mêlé au sapin, même sur les montagnes les plus élevées. Entre les forêts il existe d'assez beaux pâturages qui nourrissent une grande quantité de vaches pendant l'été. C'est avec le lait de ces vaches que l'on fait les fromages connus sous le nom de fromages des Vosges et de Gruyères.

Au pied des montagnes, et jusqu'à une petite hauteur sur les flancs, où il y a toujours une assez forte couche d'alluvions, on trouve beaucoup d'excellentes prairies, et quelques champs cultivés dans lesquels on récolte des pommes de terre, du seigle et très-peu de froment. Sur les montagnes formées par les eurites granitoïdes, sur la rive droite de la Moselle depuis Bussang jusqu'à Ramonchamp, dans plusieurs des vallées latérales à celle de la Bruche, etc., les cultures atteignent une plus grande hauteur que sur celles formées par les eurites compactes; j'en attribue la cause aux sources qui sont plus abondantes dans les eurites granitoïdes que dans les porphyres et les eurites compactes.

Nous avons déjà dit que les filons métalliques qui traversent toutes les roches du groupe entritique avaient été et étaient encore l'objet d'exploitations avantageuses; les travaux entrepris sur les filons de galène et de cuivre sont tous abandonnés aujourd'hui; les habitans des contrées où ils gisent prétendent qu'ils renferment encore de très-grandes richesses, et que la reprise des travaux ne peut manquer de donner de gros bénéfices. Cependant, d'après la quantité de galeries qui existe au château Lambert, dans la vallée de Plancher-les-Mines, dans les environs de Giromagny, etc., où les minerais ont été particulièrement exploités, je suis porté à croire que les filons sont à peu près épuisés. Mais les exploitations de fer continuent avec une grande activité, et on obtient assez de bons minérais pour alimenter les forges de Framont, celles des vallées de St-Amarin, de Massevaux, etc.

Toutes les variétés d'eurites et de porphyres, ainsi que les diorites, fournissent d'excellens matériaux pour charger les routes; ces roches sont exploitées pour cet usage dans le voisinage de toutes les grandes communications, on va même les chercher à une assez grande distance (route de

Raon-l'Etape au Donon), plutôt que d'employer les grès et les granites qui se réduisent en sable sous le choc des roues. Les eurites granitoïdes donnent aussi de bonnes pierres de construction, qui résistent parfaitement à la gelée et ne se décomposent point par leur exposition à l'air.

Les argilolithes et les argilophyres, surtout la variété globaire, étant très-refractaires, sont exploités pour la construction des fourneaux et des fours à cuire du pain : il existe plusieurs carrières de pierres à four dans les bois d'Erival et de Remiremont, au sud de cette ville. Enfin les eurites compactes et les grès pétrosiliseux qu'elles renferment, donnent des pierres à aiguiser : les meilleures se trouvent dans la vallée de Senones.

§ III.

FORMATION GRANITIQUE.

En suivant toutes les inflexions de notre ligne brisée depuis Saint-Bresson, (Haute-Saône) jusqu'à Guebwiller (Haut-Rhin) on voit, comme nous l'avons dit, les eurites granitoïdes passer au granite qui les recouvre partout, et dans lequel ils poussent des rameaux fort étendus. Dans le voisinage de ces roches, le granite contient généralement très-peu de quarz; mais à mesure qu'on s'en éloigne, on voit les cristaux de quarz devenir de plus en plus abondans. Quelquefois le granite repose brusquement sur les eurites compactes; il y a dans ce cas soudure entre les deux roches, et point du tout passage de l'une à l'autre : la formation granitique commence alors par un *pegmatite granulaire*, qui finit par prendre du mica et passer au granite (escarpement près la ferme de Bergenbach, à l'ouest d'Odren). Toutes les masses de pegmatite que j'ai vues dans les Vosges, se trouvent à la partie inférieure du granite, (Retournemer, le Tholy, vallée de la Thur, depuis Fellering jusqu'au Rotabac, etc.), aussi ces roches se montrent-elles en filons dans le granite.

Quand on a franchi la crête des montagnes qui séparent la vallée de Bussang de celle de Ventron, on trouve un granite commun, composé de quarz, de feldspath et de mica, à peu près également disséminés; à deux lieues plus au nord, dans la vallée de la Bresse (colline de Vologne) le granite, qui a perdu beaucoup de mica, est d'une blancheur remarquable; il se rapproche alors du pegmatite. Au-dessus de Retournemer, le granite présente le même aspect, mais les grains sont plus gros. A une lieue plus au nord, dans les montagnes qui forment le flanc ouest de la vallée du Valtin, on voit un granite quarzeux à très-gros grains, renfermant des veines de quarz blanc stéatiteux. Depuis le Valtin jusqu'au Tholy, en passant par Gérardmer, du Tholy à Vagney, de Vagney à Gérardmer en suivant la vallée du Bouchot, etc., on marche sur le granite commun, un peu porphyroïde, passant au leptinite dans les parties supérieures. Ce granite renferme des fragmens de gneiss, dont les angles sont émoussés et quelque fois arrondis, comme s'ils avaient été roulés avant que d'être empâtés dans le granite. C'est dans la partie septentrionale de la commune du Tholy que j'ai trouvé le plus de fragmens de gneiss au milieu du granite, des portions de cette roche en sont pétries, et on voit le granite se contourner au tour des fragmens de gneiss, comme une matière pâteuse qui se serait modelée dessus. J'ai dessiné (fig. 13), un bloc de granite, rempli de fragmens roulés de gneiss, dont quelques-uns ont jusqu'à trois décimètres de longueur. Ce fait n'est pas particulier au granite des Vosges; depuis que je l'ai annoncé, en 1832, à la société géologique (1), on en a cité de semblables dans plusieurs parties de l'Allemagne, et les granites qui forment la bordure des trotoirs de Paris, sont remplis de fragmens anguleux et arrondis de roches micacées; ce que l'on peut parfaitement voir après une grande pluie.

Depuis la montagne de Morbieu, au sud-ouest de Saul-

(1) Bulletin de la société géologique pour 1832, page 131.

xures, jusqu'au-delà de Creusegoutte, au nord de la Bresse, il existe sur le flanc nord de la vallée, qui s'étend depuis le lac de Lispach jusqu'à Vagney, une masse de granite amphiboleux avec grands cristaux de feldspath et peu de quarz, que M. Voltz a nommé *granite siénitique*, nom qui lui convient parfaitement, à cause de l'amphibole qu'il contient toujours. Ce minéral s'y montre en cristaux et en lames, tantôt il domine sur le mica, tantôt il disparaît presque entièrement. Les cristaux de feldspath sont toujours nombreux et très-longs. La bande de granite siénitique a 15,000 mètres de long sur 4000 à 5000 de large. Quand cette roche approche du granite ordinaire, elle y passe insensiblement par la perte de son amphibole et la diminution de grosseur de ses cristaux de feldspath.

A Cornimont, des deux côtés de la vallée, le granite siénitique repose sur des eurites granitoïdes bruns avec amphibole auxquels il passe par degrés insensibles, ceux-ci passent à leur tour à l'eurite compacte, roche la plus inférieure qui se montre au jour dans cette localité. Le granite siénitique reparaît dans la vallée du Valtin; au sud et à l'est de ce village, il en existe de très-beaux escarpemens près de la scierie.

Au nord-est de Sainte-Marie-aux-Mines, sur le territoire de l'Allemand-Rombach, le granite siénitique constitue plusieurs montagnes qui sont environnées de toutes part par la formation du gneiss, qu'elles semblent avoir percées en s'élevant.

Les deux derniers points que nous venons de citer, où se montre le granite siénitique tout à fait le même que celui de la Bresse et de Saulxures, se trouvent sur la direction de la première bande, direction qui fait avec le méridien un angle de 140° comptés du nord à l'ouest. Les mêmes filons qui traversent le granite ordinaire pénètrent aussi dans le granite siénitique; ces deux roches passent insensiblement l'une à l'autre, et le granite siénitique est lié aux eurites de la même manière que le granite commun; ils appartiennent donc à la même formation; cependant l'aspect des montagnes du granite siénitique est bien différent des autres masses granitiques, comme nous le dirons plus bas.

Des masses de véritable siénite, c'est-à-dire, d'une roche granitique dans laquelle l'amphibole remplace entièrement le mica, se trouvent enclavées au milieu du granite auquel on les voit passer insensiblement en prenant du mica et perdant leur amphibole. Les montagnes du Hoheneck, du Reisberg (fig. 1), présentent des faits de ce genre. Les siénites des montagnes du Bonhomme sont intimement liées au granite qui leur fait suite sur le versant occidental; enfin, sur le Champ-du-Feu, la siénite, provenant de la granulation des diorites inférieures, passe insensiblement au granite dans lequel elle se trouve enchassée.

Le massif du Brézouars (fig. 1), qui s'élève majestueusement à 1235 mètres au-dessus de la mer, entre le Bonhomme et Sainte-Marie-aux-Mines, est formé par un granite à petits grains, qui prend du stéatie et finit par passer à une *protogine* bien caractérisée. Cette roche forme à elle seule le sommet principal et s'étend jusqu'au gneiss, qui s'appuie de tous côtés sur les flancs de la montagne.

Toutes les roches que nous venons de faire connaître : *le pegmatite, le granite commun, le granite porphyroïde, le granite à gros grains, le granite siénitique, la siénite, et enfin la protogine*, ne sont que des modifications d'une grande masse, et appartiennent à la même formation. Aucune de ces roches n'est stratifiée; mais elles sont toutes coupées par des fissures qui les divisent en fragmens très-irréguliers. Dans une petite étendue, ces fissures sont quelquefois parallèles et il en résulte des espèces de couches; mais si on peut suivre ces couches un peu loin, on voit qu'elles ne se continuent pas; elles se terminent en coin ou sont coupées par des fissures qui les divisent elles-mêmes à leur tour; d'une manière fort irrégulière. En général les fissures du granite n'affectent aucune régularité; quelquefois elles le divisent en prismes imparfaits, dont l'ensemble présente une certaine analogie avec les groupes de prismes basaltiques (rochers des Corbeaux, au sud de Bussang).

Les filons de quarz et de barytine que nous avons vus dans la masse des eurites et porphyres, pénètrent aussi dans le granite, et leur puissance paraît être ici beaucoup plus considérable que dans la formation eutritique. Près de Bramont, commune de la Bresse, on voit un grand filon de quarz blanc dont la puissance varie entre 3 et 4 mètres, qui coupe, du nord au sud, toute la montagne comprise entre la colline de Vologne et le ruisseau de Lispack. Dans la vallée de Granges, en sortant de Gerardmer, sur la droite de la route, au milieu du granite se montre la tête d'un gros filon de quarz blanc que l'on exploite pour la fabrication de la faïence. Ici, dans ses points de contact avec le quarz, le granite est décomposé. Dans la pente très-escarpée qui domine le Valtin au nord, le granite à gros grains est percé par de nombreuses veines et plusieurs filons de quarz renfermant beaucoup de stéatite; cette substance forme de petites veines dans le quarz. Le granite du Valdajot, celui de la vallée de la Thur, etc., renferment aussi plusieurs filons de quarz blanc, moins considérables que ceux dont nous venons de parler.

Toutes les roches inférieures au groupe granitique (*pegmatites, eurites granitoides, eurites porphyroides, porphyres, eurites compactes et trapps*) pénètrent en filons et même en grosses masses dans toutes les parties de ce groupe. C'est dans le fond des vallées, au pied des montagnes et seulement jusqu'à une certaine hauteur sur leurs flancs, que se montrent ces roches. Rarement on les trouve dans le voisinage des sommets ou sur les plateaux très-élevés. Elles sont disposées absolument comme si s'étant trouvées sous le granite à l'état liquide, elles l'avaient soulevé en s'échappant par toutes les fissures qu'elles déterminaient dans les parties les moins résistantes de la masse. Dans les escarpemens (Bussang, Odren, Cornimont, Champ-du-Feu, etc.), on voit les eurites sous le granite, en grosses masses; et du côté opposé, sur la pente douce, on ne trouve plus que des filons, dont la direction est assez souvent perpendiculaire à celle de la longueur de la montagne. Dans les gros massifs, comme celui du *Solem*, près Remiremont, du *haut du Tault*, la montagne du *Feny*, au-dessus de Gerardmer, *Fachepremont* au-dessus de Longemer, etc., les eurites forment à la base, des filons et même de grosses masses qui se dirigent dans tous les sens : ils paraissent souvent disposés suivant des plans normaux à la surface de la montagne.

On voit beaucoup d'eurites en filons au ied et sur les flancs des montagnes, dans le granite comme dans le leptinite, sur les flancs de toutes les vallées qui versent dans celle de la Moselle, aux environs de Remiremont. Les collines de Sainte-Anne, à l'ouest de cette ville, sont traversées par un filon d'eurite brun tigré, qui se dirige du sud au nord, passe sous les alluvions, et va reparaître (à 1200 mètres de là) dans le leptinite, au-dessus de Renfaing : ce filon a deux mètres de puissance. Je l'ai dessiné (fig. 7). Le granite des environs de Vagney, de Saulxures, Cornimont, la Bresse, Gerardmer, Longemer, Retournemer, etc., renferme beaucoup de filons provenant de toutes les roches des groupes eutritique et trappéen. Ces filons pénètrent aussi bien dans le granite siénitique que dans le granite commun. Leur puissance et leur direction sont très-variables, cependant les plus considérables qui ont jusqu'à 50 mètres de puissance, sont généralement dirigés de E. E. S. à O. O. N. dans les surfaces de contact entre le granite et les filons, cette roche est souvent décomposée, et il arrive aussi quelquefois que la matière du filon elle-même a participé à la décomposition; ceci me porte à croire que lors de son introduction, des vapeurs acides se sont dégagées par les fissures qui existaient au point de contact.

Les décompositions dont je parle sont surtout très-évidentes à la montée du Fény, sur l'ancienne route de Gérardmer à Remiremont (fig. 8). Cette localité est aussi très-remarquable par le grand nombre de filons d'eurites compactes et granitoïdes qui pénètrent le granite. Depuis le bas de la côte jusqu'à la première maison que l'on rencontre sur la route, dans une longeur de 800 mètres, se trouvent six filons d'eurite, dont la puissance varie de 20 à 30 mètr. Près du pont de Vologne, sur la route de Saint-Dié, on voit sortir du granite plusieurs masses d'eurite granitoïde en partie décomposé. Depuis ce pont jusqu'au *Saut des Cuves*, qui est une cascade remarquable, il existe dans le fond de la rivière plusieurs filons de porphyre noir passant à l'eurite siénitique. C'est cette roche qui forme les gradins sur lesquels bondissent les eaux de la cascade. Dans les escarpemens qui dominent les lacs de Longemer et de Retournemer, les eurites, les porphyres, les diorites et les trapps percent partout le granite, et les filons qu'ils forment dans cette roche s'élèvent jusqu'au près de la crête des montagnes. Dans beaucoup d'autres localités, à Bébriette, au Valtin, dans la vallée de Munster, etc., on observe de semblables phénomènes; mais, je le répète encore, c'est toujours au pied des montagnes et généralement à une petite hauteur sur leurs flancs, qu'il faut chercher les filons.

Rarement les masses pétrosiliceuses ont percé la croûte de granite et se sont élevées en cône au-dessus d'elle, en rejetant de tous les côtés ses parties brisées. On voit cependant plusieurs exemples de ce fait, dont le plus remarquable est le cône euritique de Balverche, montagne qui domine au nord le lac de Retournemer. Le Brézouars dont la hauteur au-dessus de la mer est de 1235 mètres, est formé par une protogine bien caractérisée, la seule que j'aie vue dans les Vosges. Cette protogine renferme au sommet même, des filons d'un eurite granitoïde quarzeux avec stéatite et fer oligiste micacé; mais la roche pétrosiliceuse, quoique ayant été portée à une grande hauteur, ne s'est point élevée en cône comme à la montagne de Balverche.

En pénétrant dans les roches granitiques, les eurites et les porphyres ont souvent apportés avec eux les métaux, dont nous avons dit qu'ils étaient le gisement principal: Presque partout ils renferment du fer oligiste micacé et métalloïde, accompagné de quarz et de chaux fluatée; les filons de cuivre pyriteux et carbonaté de Facheprémont, au-dessus de Retournemer, sont dans l'eurite compacte qui forme là un filon puissant au milieu du granite ; il en est de même du fer oligiste que l'on a exploité un peu au-dessous, dans la vallée dite la Basse-de-la-Mine.

Tous les filons euritiques de cette vallée qui s'étend depuis Retournemer jusqu'au Tholy, renferment du fer, du cuivre et même du plomb; mais jamais en quantité assez considérable pour qu'on puisse entreprendre d'exploiter ces métaux.

En général les filons qui pénètrent dans les roches granitiques ne sont jamais très-riches, surtout lorsqu'ils ont la même gangue que dans la formation eutritique. Ce n'est guère que quand ils se trouvent avec les eurites ou les porphyres qu'on peut espérer qu'ils seront productifs.

L'examen d'un grand nombre de travaux, entrepris sur les minérais du granite des Vosges et abandonnés sans avoir obtenu de résultats avantageux, m'a convaincu que les filons métalliques du granite ne sont que les dernières ramifications de ceux de la formation eutritique, et que la meilleure manière de les exploiter serait de les suivre de haut en bas, au lieu de bas en haut, comme on l'a presque toujours fait.

J'engage les entrepreneurs à se conformer à ce principe, d'abord je l'ai déduit d'un grand nombre d'observations directes; ensuite, comme les plus grandes richesses minérales des Vosges gisent dans les eurites et les porphyres, c'est vers eux qu'on doit diriger les travaux, pour la recherche des minérais dont on a découvert des traces dans les roches qui les recouvrent.

Le pegmatite granulaire, que nous avons dit former la partie inférieure du granite dans toutes les localités où cette roche repose immédiatement sur l'eurite compacte, y pénètre aussi en filons; mais ceux-ci sont moins puissans que les filons des masses euritiques. Sur les parois du beau cirque de Retournemer, on voit sortir la tète de plusieurs filons d'un pegmatite granulaire à petits grains. Cette substance se montre aussi de la même manière dans le granite siénitique de la Bresse, dans le granite commun un peu porphyroïde de Gérardmer et du Tholy : au nord et tout près de l'église de ce dernier village, on voit la tête d'un filon de pegmatite qui a plus d'un mètre d'épaisseur ; on en trouve aussi quelques-uns autour de Saint-Amé et de Remiremont.

Siénite. Nous venons d'examiner les phénomènes que présente la formation granitique au nord de cette grande coupure de la chaîne des Vosges, au fond de laquelle serpente la route de Bâle, en suivant les rives de la Moselle et de la Thur, étudions maintenant ceux qu'elle offre au sud de cette même coupure, qui la divise en deux parties séparées l'une de l'autre par une bande euriticotrapéenne, d'une forme triangulaire. (Voyez la carte et la coupe n° 1). Ce triangle a son sommet dans la vallée de la Moselle, au pont de Saulx, et sa base se trouve être une portion du méridien, de 9000 mètres de longueur, comprise entre Rimbach, au sud du Gresson, et l'église d'Oderen.

Nous avons fait voir (§ 2), comment les eurites et les diorites se granulaient dans cette région, pour passer aux belles siénites qui constituent les ballons d'Alsace, de Servance et toutes leurs ramifications, sur une demi-circonférence de cercle de 10,000 mètres de rayon, dont le diamètre est sensiblement dirigé de l'est à l'ouest ; en sorte que du côté nord, où se trouvent les pentes les plus rapides et les escarpemens, la masse siénitique ne jette que de très-courts rameaux. Sur tout le périmètre de ce demi-cercle, les diorites et les eurites passent à la siénite par degrés insensibles.

Quand, dans les eurites granitiques amphiboliques, les trois élémens *amphibole*, *quarz* et *feldspath*, commencent à être distincts, on a la siénite est à petits grains, ensuite la grosseur des cristaux de quarz et de feldspath augmente, et on obtient bientôt cette belle siénite, à gros cristaux de feldspath rose avec peu de quarz, qui constitue presque entièrement les deux massifs des ballons d'Alsace et de Servance. En descendant vers Sewen, Oberbruck, Rimbach, etc., on trouve une autre siénite à cristaux plus petits, mais également bien visibles, dans laquelle l'amphibole est presque noir, et le feldspath blanc ; ses cristaux sont d'un brillant remarquable. Cette roche, qui provient des diorites si communes dans les trois localités que nous venons de citer, est intimement liée à l'autre. Toutes les deux diffèrent d'une manière très-sensible des siénites qui sont intercallées au milieu du granite, dans les montagnes du Hoheneck, du Bonhomme, du Champ-du-Feu, etc. Celles-ci ne sont autre chose que le granite de ces contrées dans lequel l'amphibole remplace le mica, tandis que celles-là, par la grosseur, la disposition de leurs cristaux, diffèrent évidemment du granite qui se trouve au nord de la vallée de la Moselle, et au nord et au sud, à partir de Ramonchamp. Malgré cette différence, elles sont cependant de la même époque que ce granite ; d'abord elles occupent la même place dans la série de granulation, à partir des eurites compactes, comme nous l'avons fait voir plus haut; ensuite, à la hauteur de Ramonchamp, où le granite véritable forme les montagnes des deux côtés de la Moselle, sur la crête qui domine au sud ouest cette vallée, la siénite à gros cristaux et le granite passent insensiblement l'un à l'autre: Si on marche sur le granite en approchant de la ligne de séparation, on le voit se charger d'amphibole et perdre son mica ; si on marche sur la siénite, c'est l'amphibole qui disparaît, et le mica qui se montre de plus en plus jusqu'au granite.

Ainsi, malgré les variations que l'on observe dans toutes les roches granitiques des Vosges, tant sous le rapport de la grosseur des cristaux que sous celui du remplacement du troisième principe constituant, le quarz et le feldspath restant toujours, du mica par l'amphibole, du mica par le stéatite, le talc, la chlorite, etc., ces roches n'en doivent pas moins être rangées dans la même formation.

La structure de la siénite est absolument la même que celle du granite ; elle est divisée par des fissures qui la coupent dans tous les sens en masses prismatiques, fort irrégulières, qui sont généralement plus grosses que leurs analogues dans le granite.

Les filons de quarz et de barytine pénètrent dans la siénite comme dans les autres groupes dont nous avons parlé jusqu'ici; il en est de même de toutes les roches des formations entritiques et trappéennes qui lui sont inférieures. Cependant on peut dire que les filons et les autres masses subordonnées de ces roches, sont ici moins abondantes que dans les autres parties de la formation granitique; elles ont aussi souvent apporté avec elles des substances métalliques qui ont quelquefois pénétré dans la siénite plus avant que les eurites et porphyres. Mais c'est encore comme dans le granite, la fin des filons, et il faut également les exploiter en allant de haut en bas.

Dans les parties les plus supérieures de la masse granitique, la grosseur des cristaux diminue, le quarz disparaît insensiblement, et la roche passe à un leptinite bien caractérisé dans lequel le granite pousse des ramifications très-étendues. Il en résulte que la ligne de séparation entre le granite et le leptinite, est une courbe très-compliquée qui offre une grande quantité d'angles saillans et rentrans. Je n'ai jamais vu les siénites passer au leptinite; mais je les ai rencontrés en filons dans le gneiss et dans les phyllades, au nord de Lubine.

Toutes les roches de la formation granitique se décomposent, par l'influence de l'eau et des autres agens atmosphériques, et donnent naissance à des sables. On trouve plusieurs masses de siénite en décomposition sur la route de Béfort par le vallon d'Alsace; celle que l'on emploie pour charger cette route se brise sous le choc des roues, et donne aussi naissance à du sable.

Le granite du centre de la chaîne se décompose peu, mais celui qui gît sur les flancs où il a été recouvert en partie par le grès rouge, se trouve toujours plus ou moins décomposé à la surface. Dans le fond des vallées, et surtout aux environs de Plombières, il existe des masses de granite presque entièrement décomposées. Cette circonstance est très-heureuse pour les habitans de ce joli endroit, qui, d'après cela, ont pu facilement en tailler les rochers pour établir leurs maisons et leurs jardins. Il y a encore un autre genre de décomposition du granite, et que j'ai particulièrement remarqué sur la route de Bruyères à Remiremont; cette roche est traversée par une infinité de fissures, qui la font tomber en petits fragmens polyédriques, sous un choc assez léger, et on trouve même au pied des escarpemens beaucoup de ces fragmens qui sont tombés naturellement.

J'ai pu calculer sur trois points éloignés de plus d'une lieue les uns des autres, la puissance du granite, et j'ai trouvé :

De la vallée de Bussang au sommet de la tête des corbeaux. . . . . 480 m.

Du fond de la vallée de Ramesbach au sommet du Drumont. 500

Du fond de la vallée de la Thur au sommet du grand Ventron. 660

Ce qui donne 546

pour la puissance moyenne.

Je n'ai pu avoir l'épaisseur de la siénite que sur deux points: dans l'escarpement nord-est du ballon d'Alsace. 630 m.

Et dans l'escarpement du ballon de Servance, qui domine la colline de Presle. 610

Ce qui donne 620

pour puissance moyenne.

Comme les quantités que j'ai prises sont toujours un peu trop grandes, on peut dire que la puissance moyenne de la formation granitique n'excède pas 620 mètres dans la chaîne des Vosges. Le granite occupe tout l'espace compris entre notre ligne brisée et une autre située à 38,000 mètres au nord, qui passerait par la vallée de la Vologne, Corcieux, Fraise, le Bonhomme et la Poutroye. Il se trouve sur les plateaux du Champ-du-Feu, et même jusqu'à une assez grande distance sur le flanc N. E. de ce massif. La siénite forme à elle seule la partie supérieure des massifs des ballons d'Alsace et de Servance, et leurs ramifications dans toute l'étendue du demi-cercle dont nous avons parlé plus haut.

Les formes du sol occupé par la formation granitique sont très-différentes de celles des massifs euritiques ; on voit bien encore çà et là quelques cônes très-obtus ; mais l'ensemble des montagnes offre des formes arrondies plus ou moins alongées, et l'observateur monté sur la tête du Drumont, qui s'élève à 1,226 mètres au-dessus de la mer, sur la ligne de séparation entre les eurites et les granites, embrasse d'un seul coup-d'œil les deux régions, dont la grande différence qui existe entre les formes des montagnes, lui permet de reconnaître parfaitement les principales limites. Au milieu de la région euritique, il aperçoit deux grosses masses arrondies qui jettent des rameaux tout autour d'elles : ce sont les ballons d'Alsace et de Servance que nous savons être composés de siénite. Beaucoup plus au nord, un fait analogue se présente : les plateaux légèrement arrondis du Champ-du-Feu s'élèvent au-dessus des montagnes coniques qui les environnent ; ces plateaux sont encore formés de granite et de siénite. Les montagnes granitiques présentent la même disposition que nous avons déjà citée dans celles de la formation eutritique, c'est-à-dire qu'on remarque dans chaque massif un point central qui n'est pas ici un cône, mais un plateau plus ou moins étendu ou ballon, duquel partent toutes les ramifications dont l'ensemble compose le massif. J'ai rémarqué que, dans le granite et la siénite, la masse centrale était toujours la partie la plus élevée du massif.

La surface montueuse occupée par le granite et la siénite, renferme un grand nombre de massifs dont les principaux ont pour centre *le ballon d'Alsace, le ballon de Servance, la tête de Drumont, le grand Ventron, le Hoheneck, le plateau au dessus des lacs de Pairis, le Brezouars, le Rougemont et le mont Liry, près de Gérardmer, le plateau du Grimouton et celui du bois d'Erival*, au nord et au sud *de Remiremont*, le haut *du Roc* au-dessus de Saulxures, etc. La hauteur de ces points varie entre 1,350 et 1,000 mètres. Les productions de ces différens centres divergent dans tous les sens, vont en s'abaissant à mesure qu'elles s'éloignent du point de départ en jetant elles-mêmes d'autres ramifications, et toutes les fois que les productions de deux massifs différens se rencontrent, il y a un col, mais ce col est souvent une coupure profonde et fort escarpée, comme l'Echetalon qui sépare les ballons d'Alsace et de Servance, le col du mont d'Odren, qui sépare le Drumont du grand Ventron, le passage de Bramont, qui sépare le grand Ventron du Hoheneck, etc., en général dans le voisinage des masses euritiques les coupures sont plus profondes, les escarpemens plus nombreux et toujours tournés du côté de ces masses. Ce fait est évident et très-remarquable dans la vallée de la Thur, depuis Odren (fig. 1 et 2), jusqu'au Rotabac, et dans la partie supérieure de la vallée de Munster.

A l'est et à l'ouest de Saint-Amarin, sur les flancs du ballon de Guebwiller, dans le massif du Champ-du-Feu, on voit des masses de granite très-étendues reposer sur les eurites avec lesquels elles sont intimement liées, et qui ne sont autre chose que des lambeaux de la croûte granitique brisée par l'éruption des eurites, porphyres, etc. On trouve aussi sur les montagnes granitiques beaucoup de blocs des roches mêmes qui les composent, dans une position analogue à ceux que nous avons déjà cités sur les montagnes euritiques, et qui ont égalemens dû être détachés de la masse par la même cause.

Les masses granitiques de toutes les espèces sont beaucoup moins coupées de fissures que les eurites, les porphyres et les trapps; aussi les sources sont-elles plus nombreuses et plus abondantes dans le sol granitique que dans le sol euritique. Ce fait est extrêmement sensible, lorsque, pendant les chaleurs de l'été, on quitte la vallée de Bussang pour aller dans celle de Ventron : dans la première, les ruisseaux ne coulent plus, les meilleures sources donnent à peine de l'eau, le lit de la Moselle est à sec, etc., tandis que la petite rivière de Ventron, alimentée par de nombreux ruisseaux descendant des pentes qui la bordent, roule encore ses eaux écumantes par dessus les blocs énormes qui obstruent son cours.

Cette abondance d'eau du sol granitique donne à la végétation une vigueur, pendant tout l'été, qu'elle n'a point dans la région euritique ; les pâturages sont plus verts, l'herbe plus abondante, et les prairies partent généralement plus de foin, mais les pommes de terre et les céréales croissent moins bien sur le granite que sur les eurites et les porphyres. Ceci tient à la différence de température des sols : les sources qui sortent du granite et de la siénite sont bien plus froides que celles qui sourdent des roches inférieures. J'ai pris la température d'un grand nombre de sources sortant immédiatement de la roche, et j'ai trouvé qu'elle variait de 4° à 6°, ce qui donne une différence de 4° avec celles des eurites et porphyres.

Les arbres qui peuplent les forêts de la région granitique annoncent bien aussi qu'elle doit être plus froide que l'autre : ces arbres sont presque tous des *sapins* et des *épicéas* qui couvrent les montagnes depuis le sommet jusqu'au fond des vallées, dans les endroits les plus chauds, le long de certaines pentes abritées du vent du nord, et exposées aux rayons du soleil pendant une grande partie de la journée, sur quelques points de la vallée de Gérardmer, sur les parois du cirque de Retournemer, etc., les hêtres sont mêlés aux sapins; mais ils n'atteignent jamais une grande hauteur sur les flancs des montagnes, et il est bien rare d'en rencontrer vers les sommets.

Toutes les roches granitiques sont employées dans les constructions et pour réparer les routes. Dans les murs, elles résistent fort bien; mais sur les routes, les variétés à gros grains se décomposent et donnent du sable. Le granite siénitique de la Bresse fournit de très-belles pierres de taille que l'on emploie pour les jambages des portes et des croisées; on peut en tirer des morceaux de six à huit mètres de longueur qui, étant polis, feraient de très-belles colonnes. Dans toute la région granitique, on se sert des débris des roches pour construire des murs de clôture, autour des champs, des prés et des jardins; ces murs sont faits avec beaucoup d'art. Souvent les pierres qui les composent ont été fendues avec la poudre, ou des coins; les faces ainsi obtenues toutes miroitantes de cristaux, de quarz et de feldspath rose et blanc, au milieu desquels se détachent en noir les lames de mica et d'amphibole, ont été placées en dehors, et présentent à l'œil un aspect magique, surtout quand elles sont frappées par les rayons du soleil. C'est dans les environs du beau village de Gérardmer que ces murs de clôture sont les plus remarquables, on a vraiment mis du luxe dans leur construction : j'engage les voyageurs qui vont visiter les lacs et les vallées de cette contrée célèbre, à examiner les murs de clôture qu'ils rencontrent partout sur leur passage.

Les sables qui proviennent de la décomposition des granites à petits grains peuvent servir pour le mortier; mais on leur préfère ceux du terrain Diluvien qui valent beaucoup mieux.

Le quarz blanc qui forme des filons dans les roches granitiques est employé dans les verreries; il donne un beau verre blanc. A Gérardmer, après l'avoir réduit en poudre, on le mêle avec de l'argile pour faire une belle faïence, très-estimée; on ne tire aucun parti des masses de barytine, qui sont très-communes sur le flanc occidental du ballon de Servance.

Les filons métalliques qui pénètrent dans la formation granitique, ne sont pas assez riches, comme nous l'avons déjà dit, pour être exploités avec avantage; aussi presque tous les travaux qu'on avait entrepris dans ce but, ont-ils été abandonnés. La seule exploitation en activité que j'aie vue dans le granite, est celle du filon de fer du Steinberg à l'ouest d'Odren. Il y a peu de temps que l'on en exploitait encore un dans la siénite, près de Sewen.

§ IV.

FORMATION DU LEPTINITE.

Dans les parties supérieures de la formation précédente, nous avons vu les cristaux diminuer de grosseur, le quarz et le mica se perdre et la roche passer au *leptinite* (*Weisstein*) par degrés insensibles. Ce phénomène peut être étudié sur les deux rives de la Moselle, depuis Remiremont jusqu'à Eloyes ; depuis Remiremont jusqu'au Tholy, au nord de la Moselle et sur la rive droite du ruisseau de Cleury; dans les environs de Gérardmer, depuis la Chapelle jusqu'à Fraise (fig. 4), sur les deux versans de la vallée de Corcieux; sur les flancs du Brezouars, jusqu'à la Poutroye, au Bonhomme, etc. On arrive ainsi à une roche presque homogène blanche, rougeâtre, et quelquefois brune, qui contient peu ou point de mica, dans laquelle le quarz est sableux et le feldspath grenu, un véritable *leptinite*, enfin. Cette roche n'acquiert pas dans les Vosges un développement très-considérable ; elle se charge bientôt de mica et passe au gneiss par des nuances très-variées. Dans quelques localités, Hutchère, près Remiremont, étang de Fondromé, au-dessus de Moxonchamps, etc., le leptinite prend de l'amphibole et devient alors un *leptinite siénitique*, qui finit par passer au diorite schistoïde, par l'augmentation de la quantité d'amphibole. Ce phénomène est très-évident dans les deux localités que nous venons de citer. Sur les flancs de la vallée, depuis la Chapelle jusqu'à Fraise, le leptinite est peu micacé, même lorsqu'il passe au gneiss, ensorte que les premières couches de cette roche sont composées de feldspath schistoïde avec très-peu de mica ; cependant elles présentent bien cet aspect qui caractérise le gneiss.

Le leptinite renferme des minéraux disséminés; des *grenats*, dans les variétés blanches avec point ou très-peu de mica; *de la pinite* en cristaux bien déterminés, dans un leptinite granitoïde, près de Renfaing; de l'*amphibole*, et beaucoup de *tourmaline*. Ce dernier minéral est presque toujours renfermé dans une gangue composée de quarz hyalin et de mica (hyalomicte (1), *Brongniart*, greisen, *wern.*), qui forme des veines et de petits filons dans le leptinite et le gneiss. La tourmaline s'y présente rarement en cristaux isolés : ses cristaux sont ordinairement réunis par une de leurs extrémités, et rayonnent plus ou moins régulièrement autour du point de jonction ; quelquefois ils présentent de fort jolis dessins. En Bohème, en Espagne et en France, dans les environs de Nantes, l'hyalomicte renferme de l'étain oxidé, et du schéelin ferruginé. Ces métaux n'existent pas dans celui des Vosges, ou du moins ils y sont extrêmement rares; car je les ai cherchés avec grand soin, et je n'ai jamais pu parvenir à en découvrir une seule trace.

Le leptinite forme le passage du granite au gneiss, roche que tous les géologues regardent comme stratifiée. On ne peut pas dire que le leptinite des Vosges soit stratifié, même à la manière du gneiss ; sa structure se rapproche bien plus de celle du granite que de celle du gneiss, mais les fissures sont beaucoup plus nombreuses que dans la première roche, et leur disposition donne souvent aux masses une apparence de stratification très-marquée : ce n'est qu'en suivant ces fissures avec soin que l'on peut voir qu'elles ne se continuent pas à une grande distance, et qu'elles sont coupées par d'autres qui viennent interrompre la continuité des strates. La plupart de ces fissures est tapissée de serpentine, ou de talc, surtout dans les contrées où la serpentine se montre en grande masse au milieu du leptinite, environs de Saint-Amé, Eloyes, Gérardmer, etc. (fig. 2).

Toutes les roches qui forment des filons dans le granite, eurites, porphyres, trapps et diorites, pénètrent de la même manière dans le leptinite ; elles s'y montrent aussi en

---

(1) Dans les Vosges, l'hyalomicte ne peut pas être appelé une roche, il ne forme que des veines et de petits filons dans le leptinite et le gneiss. Je doute qu'ailleurs il forme des montagnes à lui seul.

grosses masses, dans le fond des vallées (route de Vagney à Remiremont, de Remiremont à Eloyes, sur la rive droite de la Moselle, etc.), le granite lui-même pousse des productions dans le leptinite; mais, comme dans les surfaces de contact j'ai toujours vu passer les roches insensiblement l'une à l'autre, je ne puis pas regarder ces productions comme de véritables filons. Je ne me rappelle pas avoir vu dans le leptinite des veines de barytine ni de quarz blanc. Comme nous l'avons déjà dit, cette roche est coupée par une grande quantité de veines et de petits filons d'hyalomicte avec tourmaline, mais sans métaux. Les curites et les porphyres ont quelquefois apporté avec eux du fer et quelques autres substances métalliques; mais les gîtes sont toujours pauvres, et je ne crois pas que l'on ait jamais entrepris d'exploitations dans le leptinite.

Cette roche ne renferme aucune trace de restes organiques.

La formation du leptinite est dans les Vosges le gisement des *ophiolites;* ils s'y présentent en grosses masses subordonnées qui ne sont jamais recouvertes que par les alluvions; on les voit sortir du leptinite quand la terre végétale ne cache pas le contact entre les deux roches. A Sainte-Sabine, montagne de Grimouton, au nord de Remiremont, on voit sortir du leptinite, une masse de serpentine, dont la largeur est de 300 à 400 mètres, et la longueur de 1200 à 1300 mètres. Sa direction fait avec le méridien un angle de 124°. Près de la Grande-Charme, où la masse ophiolitique paraît sortir encore du leptinite, elle forme deux cônes bien prononcés qui semblent être le résultat d'un soulèvement. A 8000 mètres plus au nord, dans la commune d'Eloyes, on exploite, pour les marbreries d'Epinal, et encore au milieu du leptinite, une masse d'ophiolite, qui est toutefois de même nature que celle de Grimouton. Sur le territoire de Champdray au Champ-de-l'Axcès, il existe une autre masse d'ophiolite qui offre la plus grande analogie avec les deux précédentes. Cette masse est au milieu d'un pré qui la recouvre en partie et empêche de saisir les rapports géognostiques; mais comme toutes les pointes de rochers qui percent çà et là la surface du pré, sont de leptinite, il est extrêmement probable qu'elle se trouve intercalée dans cette roche. Ici la serpentine forme une bande de 60 mètres de largeur et de 200 mètres de longueur, dont la direction fait avec le méridien un angle de 126°; ainsi elle se trouve être parallèle à celle de Grimouton.

Les trois masses d'ophiolite dont nous venons de parler sont coupées par un grand nombre de fissures qui les divisent en fragmens quadrangulaires, plus ou moins irréguliers. Quelques-unes de ces fissures sont remplies de talc fibreux ou compacte; certaines parties de la roche contiennent une grande quantité de fer, ce qui leur a fait donner le nom de *pierres de fer* par les habitans du pays. On voit, à la surface des portions les plus ferrugineuses, une infinité de grains saillans assez semblables à ceux des variolites. Ces grains sont presque entièrement composés de magnésie colorée en brun par l'oxide de fer. Le diallage se montre aussi en petites lames chatoyantes, sur quelques points, et on a alors un *ophiolite diallagique*. Enfin on y remarque encore du fer chromé en grains et en petites veines.

Il existe des traces d'ophiolite dans le leptinite de la montagne des Xettes, au nord de Gerardmer, qui semblent annoncer qu'une masse de cette roche se trouve enfouie sous les alluvions qui couvrent le flanc de la montagne. Dans le pré nommé *la Chaume*, commune des Arrantès, près la ferme de Neymont; sur la lisière du bois, gisent plusieurs masses d'ophiolite dont la terre végétale empêche de voir les rapports avec le leptinite passant au gneiss, qui les environne de toutes parts. L'ophiolite est encore divisé en fragmens rectangulaires par de nombreuses fissures; mais le fer oxidé ne s'y montre point comme dans les précédentes; il est remplacé par du fer *chromé* disséminé en grains et formant de petites veines dans toutes les parties de la roche; le diallage s'y présente aussi et la rend quelquefois schistoïde.

Une grosse masse d'ophiolite sort du leptinite, sur le flanc occidental du Brezouars, au col par lequel passe la route de Ste-Marie au Bonhomme. Ici la serpentine est beaucoup plus pure que dans les autres localités; on y remarque cependant encore des portions très-ferrugineuses avec des grains saillans, comme à Champdray. La roche est toujours divisée par de nombreuses fissures en fragmens quadrangulaires, et comme elle se trouve située sur une pente rapide, de nombreux blocs détachés ont roulé sur le flanc de la montagne qu'ils couvrent maintenant, jusqu'au fond de la vallée; c'est en suivant ces blocs que je suis parvenu à découvrir la masse en place de laquelle ils proviennent. Tous les murs de clôture qui sont autour de la ferme voisine ont été construits avec eux.

Il existe probablement encore plusieurs autres masses d'ophiolite dans les Vosges, mais je n'ai étudié que celles dont je viens de parler. Ces roches sortent du milieu du leptinite, mais elles ne sont jamais recouvertes que par le grand attérissement diluvien, en sorte qu'on ne peut pas préciser l'époque à laquelle elles appartiennent. Je n'en ai jamais vu aucune trace dans les formations granitique et entritique, ni dans les trapps.

M. Voltz (1) dit qu'il existe un terrain de serpentine et d'euphotide d'une petite étendue, à Odren, situé entre le granite et le terrain de transition : je n'ai point vu de serpentine dans cette localité, et je suis porté à croire que cet habile géologue aura pris pour telles des diorites passant au porphyre vert.

Puisque toutes les roches qui forment des filons, depuis le granite jusqu'au terrain houiller, constituent des groupes indépendans au-dessous de toutes les roches qu'elles percent, on doit présumer que les ophiolites proviennent aussi d'une grande masse; il y a trop de ressemblance entre elles pour qu'il en soit autrement. Comme elles ne sont jamais recouvertes que par les alluvions, et que toutes les autres roches, mêmes le grès vosgien, avec lequel on les voit presque en

(1) Géognosie de l'Alsace, page 49.

contact au Grimouton, ne les recouvrent jamais, je les crois plus nouvelles que toutes les autres, et la masse dont elles ne sont que des productions, gît au-dessous des trapps. Un jour on découvrira peut-être, entre les trapps et les ophiolites, des rapports semblables à ceux qui existent entre les trapps et les eurites. En Amérique, M. de Humbolt cite des serpentines dans le leptinite; il les a vues aussi superposées au gneiss (1); mais nulle part non plus elles n'en étaient recouvertes. Nous reviendrons, dans la seconde Partie, sur l'âge des ophiolites et le rôle qu'ils ont dû jouer lors de leur formation.

Le leptinite pousse des filons très-étendus dans le gneiss qui le recouvre, et auquel il passe insensiblement; mais je ne l'ai jamais vu renfermer des fragmens de cette roche comme le granite; il n'a pas non plus soulevé le gneiss de la même manière que les eurites et les porphyres ont soulevé le granite; du moins je n'ai observé aucun fait qui puisse le faire croire.

Cette roche se décompose très-difficilement, ce qui résulte de l'union qui existe entre ses principes constituans. Ce n'est que dans les variétés granitiques, surtout les parties pinitifères, que j'ai remarqué une décomposition analogue à celle des granites.

La formation du leptinite occupe une bande assez étroite, passant par tous les points que nous avons énumérés au commencement de ce paragraphe. Comme la séparation entre le gneiss et cette roche n'est jamais tranchée, je n'ai pas pu calculer exactement sa puissance, mais je puis assurer qu'elle ne dépasse pas 300 mètres. Le sol qu'elle constitue présente à peu près le même aspect que celui du groupe granitique; toutes les montagnes sont terminées par des plateaux ou des sommets arrondis, les pentes sont plus douces et présentent moins d'escarpemens que celles des masses granitiques. Ces montagnes constituent encore des massifs ayant chacun une partie centrale de laquelle divergent toutes les autres.

---

(1) Essai géognostique, etc., page 68 et 78.

Les sources sont moins nombreuses dans le leptinite que dans le granite ; mais elles sont aussi froides, et la végétation diffère peu dans ces deux formations; cependant il y a plus de champs cultivés et de prairies dans la région des leptinites que dans celle des granites. (Environs de Remiremont, communes du Tholy, de Champdray, des Arrantès, de Granges, etc.)

Je ne sache pas que l'on ait jamais exploité un seul filon métallique dans le leptinite des Vosges. Les variétés feldspathiques blanches et grises résistant beaucoup mieux que le granite, et se cassant très-facilement, donnent de très-bons matériaux pour charger les routes; on en tire aussi de belles pierres de taille qui servent à la construction des portes et des croisées. Les ophiolites sont exploitées à Eloyes, pour les marbreries d'Epinal, où on en fait des tables et de très-jolis vases; mais les fissures qui les traversent dans tous les sens empêchent qu'on puisse en extraire de grands morceaux sans beaucoup de travail, ce qui rend extrêmement chers tous les objets fabriqués avec cette pierre. Dans toutes les autres localités des Vosges où j'ai observé les ophiolites, j'ai reconnu le même inconvénient, et je ne pense pas qu'il y ait plus de chances d'en obtenir de beaux morceaux dans un endroit que dans un autre; c'est au col du Bonhomme que sont les plus beaux blocs que j'aie trouvés.

§ V.

FORMATION DU GNEISS.

Nous avons vu le granite perdre son mica pour passer au leptinite, et ce dernier reprendre du mica à mesure qu'il s'éloigne du granite, et passer au gneiss, c'est-à-dire à une roche schistoïde composée de feldspath et de mica, dans laquelle le quarz ne se montre plus qu'accidentellement. Ce phénomène peut être observé dans toutes les contrées où nous avons dit qu'existe la formation du leptinite. Dans les environs de Remiremont, du Tholy, de Gérardmer, de

Granges et de Corcieux (fig. 4) le grès rouge (grès vosgien) et les alluvions couvrent le gneiss et souvent même une grande partie du leptinite, en sorte qu'on ne peut pas bien observer le développement du gneiss; mais depuis Corcieux jusqu'à Fraise, dans les montagnes qui bordent la rive droite de la Meurthe, sur le flanc nord de la vallée du Weissbach, près du Bonhomme, de la Poutroye, etc., le gneiss est très-bien développé. Les premières couches sont peu micacées (de Corcieux à Fraise principalement), mais elles présentent déjà la structure schistoïde et la texture glanduleuse, comme le gneiss le mieux caractérisé. Près de Gerbepal, dans la vallée de la grande Goutte, j'ai trouvé une variété de gneiss, qu'on pourrait nommer *graphique;* c'est du feldspath lamellaire renfermant du mica, disposé à peu près comme le quarz dans le pegmatite graphique.

La roche principale de la formation du gneiss, celle qui constitue les montagnes dans tout l'espace compris entre les vallées du Weissbach, au sud, du Milbach, au nord, de la Meurthe, à l'ouest, et les collines secondaires du versant oriental, est un gneiss commun, composé de mica brun très-abondant, de feldspath lamellaire, sans quarz ou n'en renfermant que quelques cristaux disséminés. Dans les environs de l'Allemand Rombach, le gneiss est très-feld-spathique, et il passe au granite siénitique, qui forme là une grosse masse au milieu du gneiss. Le graphite se montre très-souvent dans le gneiss des environs de Ste-Marie-aux-Mines; ce minéral est quelquefois si abondant qu'il remplace presque entièrement le mica, et on a alors un *gneiss graphiteux.*

Des fissures presque verticales divisent la masse du gneiss en strates fort irréguliers qui présentent un grand nombre de plis et de contournemens. D'autres fissures moins nombreuses, perpendiculaires et obliques à celles-ci, divisent l'ensemble des strates en plusieurs portions, comme cela se voit du reste dans tous les terrains stratifiés.

Je dis que le gneiss est stratifié, parce que c'est l'opinion de tous les géognostes; mais cette division stratiforme est bien loin d'être aussi régulière que dans les formations calcaires; un strate de gneiss n'est pas compris entre deux plans ni même deux surfaces courbes parallèles, mais bien entre deux surfaces courbes dont les inflexions ne se correspondent pas toujours, ce qui rend l'épaisseur du strate extrêmement variable; ensuite des fissures accidentelles viennent couper les premières, et souvent au lieu de couches, on ne distingue que des masses prismatiques fort irrégulières. Cependant, en observant sur une grande étendue, on reconnaît une structure stratiforme assez bien déterminée.

Les strates du gneiss sont généralement très-inclinés et plongent vers le nord-ouest; mais sur quelques points l'inclinaison est peu forte, et on les voit plonger dans tous les sens, autour des massifs qu'ils constituent.

Les eurites et les porphyres de toutes les espèces pénètrent dans le gneiss, en filons et en grosses masses; ces filons sont très-nombreux au pied des montagnes de la vallée d'Orbeis. Le monticule gneissique sur les flancs duquel gît le terrain houiller de Lallay, fig. 10, est coupé par plusieurs masses d'eurites qui pénètrent jusque dans le grès houiller; on rencontre aussi beaucoup de semblables filons en suivant le sentier tortueux qui conduit d'Orbeis à St-Croix. M. Voltz cite des filons de porphyre rouge et gris (eurite porphyroïde), dans le gneiss du val de Liepvre; enfin j'en ai vu dans le fond de toutes les vallées qui viennent déboucher dans celle de Ste-Marie-aux-Mines. Au nord de l'Allemand-Rombach, les eurites et les porphyres pénètrent à la fois le granite siénitique, et le gneiss qui l'environne de tous les côtés. A la houillère du Hury, près St-Croix, un filon d'eurite granitoïde quarzifère sort du gneiss et entre très-avant dans le terrain houiller qui le recouvre. Je n'ai jamais vu les trapps ni les diorites en filons ou en masses subordonnées dans le gneiss. Cependant le leptinite, intimement lié au gneiss, contient quelquefois une si grande quantité d'amphibole, qu'il passe au diorite schistoïde, (§ 4), et on trouve des diorites en filon dans la siénite du Bonhomme, qui est tout près du gneiss.

Ici comme dans le granite, les roches pétrosiliceuses ont

apporté avec elles des métaux; les riches filons de *galène argentifère*, renfermant aussi de *l'argent natif*, *du cuivre pyriteux*, *du cuivre gris*, *de la blende*, *du cobalt*, etc., que l'on a exploités pendant très-long-temps près de Ste-Marie, de la Croix-aux-Mines, etc., se trouvent dans le gneiss avec des eurites et des porphyres, dans lesquels les minérais sont enclavés, du moins en partie. La gangue est ordinairement composée de quarz, de spath calcaire et de spath fluor. Dans le vallon de Surlatte, au sud de Ste-Marie, on exploitait plusieurs filons de galène pauvre avec cuivre pyriteux et fer carbonaté, dans une gangue schisteuse souvent colorée en noir par la plombagine. Les filons de galène argentifère de la Croix-aux-Mines, ceux de manganèse de Chemain-Goutte, sont dans l'eurite porphyroïde brun. L'exploitation de tous ces filons, qui a donné de si beaux produits il y a peu d'années, est maintenant tout à fait abandonnée.

Le leptinite, la siénite schistoïde, le pegmatite et le granite lui-même, se montrent en filons et en grosses masses subordonnées dans le gneiss, aux environs de Ste-Marie et de Ste-Croix-aux-Mines. Ces roches sont surtout abondantes dans les vallons de Fertrupt, Phanesaux et St-Philippe. Ces faits prouvent que bien qu'ils soient inférieurs au gneiss, le leptinite, le granite et la siénite ne se sont solidifiés qu'après lui.

Une autre roche très-remarquable qui se trouve en grosses masses subordonnées (en amas) dans le gneiss, et qui semble y être venue de la même manière que les eurites et les porphyres, est le calcaire grenu et lamellaire, blanc, renfermant souvent du talc et de la serpentine noble, en parties disséminées, et formant aussi de petites veines au milieu du calcaire qui devient alors un véritable *cipolin* (fig. 4). Je n'ai jamais vu de stratification distincte dans ces amas; ils sont ordinairement coupés par des fissures, plus ou moins nombreuses qui les divisent en masses prismatiques irrégulières. Le gneiss environne le calcaire de toutes parts, et souvent celui-ci s'enfonce fort avant au-dessous.

Dans les carrières du Chipal, à une lieue au nord de Fraise, on exploite le cipolin pour les marbreries d'Epinal; dans la grande carrière, un filon d'eurite porphyroïde sortant du gneiss, se trouve en contact avec le calcaire, qui n'a éprouvé aucune altération ni dans le voisinage de l'eurite, ni à une certaine distance; la serpentine et le talc sont très-communs dans le calcaire. Au sud de Laveline devant St-Dié, (fig. 4), une belle masse de marbre blanc, contenant très-peu de serpentine, est aussi exploitée pour le même usage qu'au Chipal. Ici le calcaire s'enfonce beaucoup sous le gneiss, qu'on est obligé d'enlever à coups de pic pour l'exploiter. Je n'ai point remarqué d'eurite ni de porphyre dans cette localité. Autour de Ste-Marie-aux-Mines, il existe plusieurs amas semblables, que je n'ai vus qu'en passant, et dont le marbre, moins beau que ceux de Laveline et du Chipal, n'est exploité que pour faire de la chaux grasse.

Je n'ai pas pu consacrer à l'étude de la formation du gneiss tout le temps que j'aurais voulu; j'engage les géologues résidans sur les lieux à l'étudier dans tous ses détails, et surtout à bien examiner toutes les masses calcaires qu'elle renferme, les circonstances de leur gisement; si elles ne sont pas quelquefois coupées par des filons d'eurite, de porphyre, de serpentine, etc.; enfin quels sont les minéraux qui accompagnent le calcaire, et la manière dont ils s'y trouvent engagés: la solution de toutes ces questions est de la plus haute importance pour déterminer l'origine de ces masses singulières. Je n'ai point trouvé, et on n'a jamais cité de restes organiques dans le groupe dont nous nous occupons.

Le gneiss perd son feldspath, prend du quarz et passe au mica-schiste sur quelques points de sa surface supérieure (base du Climont, vallon de Surlatte etc.), celui-ci passe ensuite au schiste talqueux, puis au phyllade; mais le gneiss ne pénètre en filons ni en amas dans aucune de ces roches, ce qui me porte à croire qu'il était entièrement consolidé lorsqu'elles se sont déposées.

Dans les portions les plus feldspathiques de la formation que nous décrivons, le feld-spath est passé à l'état de kaolin, et la roche, en se détruisant, donne naissance à une matière argileuse, grise ou jaunâtre, contenant des paillettes de mica, en plus ou moins grande quantité, suivant que la roche en contient elle-même plus ou moins. Le gneiss très-micacé se décompose difficilement, et quand une cause quelconque a enlevé l'alcali au feldspath, il se délite en feuillets très-petits; mais il tombe rarement en sable.

Les montagnes de gneiss ne présentent point, comme celles du granite, des escarpemens qui s'étendent du pied jusqu'au sommet, ceux qu'on y remarque n'ont jamais une grande hauteur; ils disparaissent bientôt sous des alluvions ou des couches plus ou moins régulières, qui les recouvrent comme les tuiles d'un toit. Cette circonstance m'a empêché de déterminer exactement la puissance du groupe gneissique; mais, en ayant égard à l'inclinaison des couches, d'après l'élévation des montagnes au-dessus du fond des vallées, élévation dont les plus grandes valeurs varient entre 800 et 1000 mètres, je puis assurer que la puissance du gneiss et celle du leptinite réunies, ne dépassent pas 660 mètres, puissance *maximum* du granite. En réunissant toutes les épaisseurs maxima des groupes que nous avons décrits jusqu'ici, nous obtiendrons : 30 + 710 + 660 + 660 = 2060 mètres, pour la puissance de la croûte du globe, dans les Vosges, depuis la surface supérieure du gneiss jusqu'au point le plus bas, où l'on puisse voir le trapp. Ce résultat démontre combien on s'est trompé jusqu'à présent sur l'épaisseur qu'on a supposée à la masse de granite, au-dessous de laquelle on n'avait encore rien pu découvrir.

La formation du gneiss, passant au leptinite dans ses parties inférieures et au mica-schiste dans ses parties supérieures, occupe toute la surface du quadrilatère compris entre les vallées du Milbach au nord, du Weissbach au sud, de la Meurthe à l'occident, et les collines du versant oriental de la chaîne, avec quelques lambeaux de grès rouge qui la recouvrent çà et là. Dans tout cet espace, les montagnes ont des formes ovoïdes très-remarquables. Ces montagnes appartiennent encore à des massifs qui ont une partie centrale, comme dans le granite et les eurites, dont les autres ne sont que des productions, divergeant dans tous les sens, de longueurs variables, mais qui s'abaissent toutes à mesure qu'elles s'éloignent du centre. Les vallées comprises entre ces différentes ramifications sont profondes, étroites et très-sinueuses ; elles commencent toutes par un cirque généralement très-régulier, mais qui n'a point la forme d'un cône renversé, comme ceux de la formation eutritique.

Je n'ai n'ai point vu de sources minérales ou thermales dans le gneiss; les sources d'eau ordinaire y sont presque aussi nombreuses que dans le granite. La fertilité du sol est peu différente : les forêts sont peuplées des mêmes arbres; d'excellentes prairies, entrecoupées de champs cultivés, couvrent le fond des vallées et s'élèvent jusqu'à une certaine hauteur sur les flancs des montagnes. Les environs de Sainte-Marie-aux-Mines sont ombragés par une grande quantité d'arbres fruitiers.

Sur toutes les routes qui le traversent, le gneiss est exploité pour les réparer, quoique les matériaux qu'il fournit ne soient pas très-bons. Les fissures nombreuses et la structure schistoïde s'opposent à ce qu'on puisse en tirer de belles pierres pour la bâtisse ; il est cependant employé dans la construction des maisons ordinaires, dans toutes les contrées dont il constitue le sol; les eurites et les porphyres, qui s'y montrent en filons, donnent de bien meilleurs matériaux que lui.

Le marbre blanc est exploité au Chipal et à Laveline pour les marbreries d'Epinal; on en tire de très-beaux blocs que l'on conduit dans cette ville pour être sciés et polis; mais la texture lamellaire qui domine, empêche que le poli de ce marbre puisse se conserver long-temps. Près de Sainte-Marie-aux-Mines, on exploite ce même marbre comme pierre à chaux; il donne une chaux blanche très-grasse. Les débris des carrières de Laveline et du Chipal servent aussi à la fabrication de la chaux : il existe près de Fraise plusieurs chaufours dans lesquels on cuit la pierre du Chipal.

Les riches filons de la Croix et de Sainte-Marie-aux-Mines ont donné pendant plusieurs années de très-grands produits en argent et en plomb; la compagnie qui s'était formée pour leur exploitation, avait élevé de superbes bâtimens et acquis de vastes propriétés. Aujourd'hui les bâtimens sont déserts, les prairies et les champs à peine cultivés, et dans les mines on ne trouve plus qu'un gardien et deux ou trois ouvriers qui ont l'air de travailler. Ces hommes disent à qui veut les écouter, que les filons sont très-riches, et qu'ils ne conçoivent pas pourquoi les travaux n'ont point encore été repris.

Les filons de manganèse oxidé des environs de Chemain Goutte, desquels on a tiré une grande quantité de minérai, sont aujourd'hui entièrement abandonnés.

§ VI.

FORMATION DU MICASCHISTE.

La montagne du *Climont*, au nord de Lubine, dont le grès vosgien couronne le sommet, a pour base un gneiss très-micacé, qui passe au *micaschiste* par degrés insensibles : celui-ci se transforme après en *schiste talqueux* qui devient lui-même un *phyllade;* c'est le long de la grande vallée qui s'étend depuis la base du Climont jusqu'à Lubine, que le micaschiste est le mieux développé; il se montre dans les escarpemens sur les deux flancs de cette vallée, coupé par des filons et des masses d'eurite, de porphyre et de siénite à petits grains, recouvert çà et là par le terrain houiller, dans lequel ces roches pénètrent également, par le grès rouge et les alluvions dans lesquels on ne les voit jamais. En approchant de Lubine, le micaschiste passe au gneiss, qui forme au nord de ce village le flanc de la vallée de la Meurthe; près d'Orbeis et de Sainte-Marie, vallon de Surlatte, cette roche recouvre aussi le gneiss sur une petite étendue, et les deux sont encore intimement liées.

A Orbeis, le micaschiste est très-quarzeux; les filons d'eurite qui traversent le gneiss pénètrent aussi dans son intérieur; cette roche renferme encore une grande quantité de veines de quarz blanc, qui se coupent souvent entre elles.

Dans plusieurs contrées gneissiques de la France, le micaschiste occupe des espaces très-étendus; mais il n'en n'est pas de même dans les Vosges, où il ne se montre que sur quelques points pour disparaître bientôt ensuite sous les phyllades, le grès rouge et les alluvions. Sa masse est divisée en couches fort irrégulières, dont l'inclinaison est la même que celles des strates de gneiss qui les supportent.

Près de Lubine, au fond de la vallée qui va de ce village au Climont, on a exploité, dans le mica-schiste, un filon de galène avec cuivre pyriteux, accompagné d'eurite et renfermé dans une gangue de quarz blanc; nulle part ailleurs je n'ai vu de minerais métalliques dans cette formation.

Elle paraît entièrement dépourvue de restes organiques, quoiqu'elle passe insensiblement au phyllade, qui renferme des empreintes végétales analogues à celles de la formation entritique et du groupe houiller.

La puissance du mica-schiste, très-peu considérable, n'est pas facile à déterminer, parce que nulle part il ne forme des montagnes; à peine s'il constitue de petites collines, sur les flancs des vallées, qui sont toujours plus ou moins recouvertes par les roches supérieures ou des alluvions.

Les eaux qui sortent des couches de micaschiste ont certainement leur origine dans le gneiss. Sur tous les points où ces couches sont à la surface du sol, celle-ci est aride, ou bien couverte seulement de mousses et de graminées.

Les habitans des Vosges n'emploient le micaschiste à aucun usage.

§ VII.

FORMATION DES PHYLLADES.

Sur tout le périmètre de la base du Climont, où le mica-schiste sort çà et là de dessous les alluvions et le grès rouge, il passe insensiblement à un *schiste talqueux*, gris bleuâtre, passant lui-même au *phyllade* qui se développe ensuite dans toute la vallée du Milbach, depuis Labruche jusqu'à Saint-Maurice, où il forme de petites collines au pied des montagnes euritiques et de celles du grès rouge. Cette roche se développe aussi près de Lubine, sur le flanc nord de la vallée de la Meurthe, où elle se trouve recouverte par le terrain houiller et le grès rouge.

Les premières couches du groupe phylladien, sont composées d'un phyllade satiné, passant au schiste-ardoise, bleuâtre et violet, qui se divise en plaques minces, trop peu solides pour qu'elles puissent fournir une bonne ardoise. A la Crache, au sud de Raon-sur-Plaine, où se montre un lambeau du même groupe, la roche est un phyllade pailleté rougeâtre, dont on a aussi essayé de tirer des ardoises. Ce lambeau s'étend jusqu'à Framont; on en rencontre quelques fragmens dans la vallée jusqu'à Schirmeck, et au nord de ce village il en existe un autre dans lequel le schiste a un aspect terreux : c'est un phyllade passant au schiste argileux. A l'extrémité sud de la chaîne où le phyllade forme une bande très-étendue au pied des montagnes porphyriques, il présente rarement la couleur violette : ses teintes les plus communes sont le bleu grisâtre et blanchâtre. Au mont Salbert et dans les environs, il passe encore au schiste argileux et au schiste-ardoise.

Dans toutes les localités que nous venons de citer, la roche, toujours schisteuse, est divisée en strates irréguliers, très-inclinés, qui sont constamment relevés du côté des masses euritiques sur lesquelles ils reposent. Dans la partie nord et immédiatement au pied de l'extrémité sud de la chaîne, ces strates plongent vers le sud-est; au mont Salbert, au ballon de Roppe et dans les autres collines qui s'élèvent au milieu du grès rouge, entre la route de Béfort à Colmar et les montagnes, les strates schisteux plongent tantôt dans un sens et tantôt dans l'autre, absolument comme s'ils avaient été relevés par une masse qui formerait le centre de chaque colline.

De nombreuses veines de quarz blanc, rougeâtre et rarement noirâtre, coupent les couches schisteuses et dans tous les sens; ce minéral forme aussi quelquefois des filons puissans au mont Salbert, qui sont ordinairement en saillie au-dessus de la roche qui les contient. Dans la vallée du Milbach et à l'extrémité sud de la chaîne, des psammites jaunâtres et grisâtres, se montrent en couches subordonnées au milieu des phyllades avec lesquels ils alternent souvent plusieurs fois. Ces psammites sont surtout très-communs à l'extrémité des montagnes euritiques, dans les communes de Rougemont, de la Magdelaine et de Vessemont. Au nord de Schirmeck, sur le chemin qui conduit à la carrière de pierre à chaux, on trouve, dans le phyllade, plusieurs couches puissantes et presque verticales, d'un poudingue siliceux composé de cailloux généralement assez petits, dont l'allure est exactement la même que celle des strates schisteux qui les renferment.

La carrière de pierre à chaux qui se trouve sur le flanc de la montagne au nord des poudingues, est ouverte dans une masse de calcaire saccaroïde, sublamellaire et même quelquefois compacte, veiné de blanc, de gris, etc., qui gît à la base du terrain schisteux, avec lequel elle est intimement liée. Ce calcaire est coupé par un grand nombre de fissures qui le divisent en fragmens polyédriques irréguliers, mais il n'est point stratifié. Il passe sur quelques points à une *dolomie* blanche, grenue, qui n'est qu'une modification du calcaire. Ce changement me paraît dû à la présence de filons porphyriques qui ont pénétré dans le calcaire, comme nous le dirons plus bas. D'autres masses calcaires, passant aussi à la dolomie, se montrent encore avec les schistes, sur tout le flanc occidental de la vallée depuis Schirmeck jusqu'à Viche; on en rencontre aussi en remontant la vallée de Framont; près de Vacquenou on exploite une de ces masses, de laquelle on tire de très-beaux blocs de marbre, qui sont conduits à Epinal pour être polis. Il y a beaucoup de calcaire dans le voisinage des filons de Framont. Cette roche se trouve encore là à la partie inférieure de la formation schisteuse, au contact avec les eurites. C'est toujours le même calcaire, renfermant des masses de dolomies qui sont ici considérables et nombreuses. De l'autre côté de la crête, à la carrière d'ardoise de la Crache, on exploite comme pierre à chaux, une masse de dolomie grise, caverneuse, qui présente la plus grande analogie avec celle de Framont, et qui repose sur le schiste. Immédiatement au-dessous de la dolomie, il existe une couche de psammite, que les ouvriers nomment *minette*; ce même psammite se trouve aussi dans le phyllade de Framont.

Sur tous les points que nous venons de citer, les calcaires et les dolomies occupent la même position géognostique, et présentent les mêmes caractères; nulle part ils ne contiennent de la serpentine ni du talc, comme les calcaires du gneiss, § 5, et ils ne sont jamais aussi cristallins que ces derniers.

A la carrière de la Crache, dans les vallées de la Bruche et du Milbach, ainsi qu'à l'extrémité méridionale des Vosges, le phyllade repose sur les eurites et les porphyres, qui pénètrent dedans jusqu'à une grande distance, en filons et en grosses masses transversales. Partout on voit des filons d'eurite et de porphyre, coupant les roches schisteuses, principalement dans le voisinage des masses pétro-siliceuses. A Framont les porphyres forment une pointe au milieu du du schiste, et c'est entre les deux roches qu'on exploite les filons de fer oligiste qui font toute la richesse de ce pays. Le lambeau schisteux qui existe entre Râon-sur-Plaine et Framont, est fréquemment coupé par des masses transversales d'eurite et de porphyre. Je n'ai point vu de productions feldspathiques dans les calcaires des environs de Framont et de

Vacquenou, mais ceux de Schirmeek en sont remplis. A la carrière de pierre à chaux dont j'ai déjà parlé, un filon d'eurite porphyroïde, se terminant en coin, coupe en deux la masse calcaire (fig. 9), et un peu plus loin l'eurite s'est répandu sur la même masse, en s'infiltrant dans les fissures qui s'y trouvaient. Toutes les autres masses calcaires qui se trouvent sur le même versant de la vallée de la Bruche, sont également pénétrées par des filons et des veines euritiques. Dans l'escarpement qui domine la route de Strasbourg, au-dessous de la grande carrière, il existe plusieurs blocs énormes de calcaires coupés par des fissures nombreuses, dirigées dans tous les sens et remplies par l'eurite porphyroïde qui s'y est introduit, absolument comme l'aurait fait une matière liquide. On voit aussi dans la même localité l'eurite renfermer un grand nombre de blocs calcaires plus ou moins roulés, dont quelques-uns ont plus d'un mètre cube. Ces faits prouvent d'une manière évidente que les roches pétrosiliceuses ont été à l'état liquide, et que leur consolidation est postérieure au dépôt des phyllades.

Je crois avec M. de Buch, que la transformation du calcaire en dolomie est ici le résultat de l'irruption des porphyres dans l'intérieur de cette roche; mais un fait très-remarquable, c'est que ce n'est jamais au contact du calcaire et des roches feld-spathiques qu'il est changé en dolomie; mais toujours à une certaine distance, qui peut aller jusqu'à cinq mètres.

Nous avons dit (§ 5) que les amas calcaires du gneiss n'étaient jamais pénétrés par les eurites ou les porphyres; ils sont beaucoup plus cristallins que ceux des phyllades, et contiennent du talc et de la serpentine que je n'ai jamais vus dans ceux-ci; ils ne passent point à la dolomie, et se présentent comme s'ils étaient venus dans le gneiss à la manière des roches pétrosiliceuses.

Ces faits me semblent démontrer une grande différence d'âge entre les deux roches : l'une est évidemment antérieure à la consolidation des eurites, tandis que l'autre doit être d'une formation beaucoup postérieure : la quantité de serpentine que renferme celle-ci, et qui s'y trouve souvent comme partie constituante de la roche, et la grande anaogie qui existe entre le gisement de ces calcaires et celui des ophiolites, me font regarder ces deux roches comme appartenant à la même époque géognostique, et ayant été produites de la même manière.

A l'exception du fer oligiste de Framont, qui gît entre les phyllades et les porphyres, je n'ai vu aucun minérai métallique dans le groupe schisteux.

Les mêmes empreintes végétales, que nous avons citées dans les eurites et les trapps, ou du moins des espèces très-analogues, se retrouvent dans les schistes de la formation qui nous occupe, M. Voltz dit qu'on en a recueilli plusieurs à Etuffont-le-Haut.

Par leur exposition à l'influence des agens atmosphériques, la plupart des phyllades des Vosges s'exfolient et deviennent cassans, ce qui empêche qu'on puisse les employer pour couvrir les maisons.

Dans ce qui précède, nous avons déjà plusieurs fois eu occasion de faire remarquer que la formation schisteuse ne se montre que par lambeaux sur quelques points de la chaîne des Vosges (depuis Framont jusqu'à Raon-sur-Plaine, de Schirmeck à Viche, dans la vallée du Milbach, et à l'extrémité méridionale de la chaîne); elle forme deux bandes dont la plus grande largeur de la première est de 2,500 mètres, et celle de la seconde de 4,000 mètres. Ces bandes sont composées de collines arrondies, quelquefois très-basses, placées au pied des montagnes euritiques. Dans la bande méridionale, on en remarque plusieurs, le ballon de Roppe, le Salbert, les petites montagnes au sud d'Auxelles-Bas, etc., qui s'élèvent de 500 à 638 mètres au-dessus du niveau de la mer, et de 250 mètres au-dessus du grès rouge, qui forme le sol de la plaine située à leur pied. Ce grès recouvre les flancs des collines schisteuses, jusqu'à une certaine hauteur seulement, et à stratification discordante, de plus il ne se trouve jamais sur les sommets; ainsi il a été déposé postérieurement au soulèvement des phyllades, dont il remplit les anfractuosités de la surface (fig. 1).

Les collines schisteuses ne présentent point de massifs analogues à ceux que nous avons signalés dans les montagnes feldspathiques ; il n'y a point de masse centrale jetant des ramifications dans différentes directions; cependant les vallées commencent encore souvent par un cirque très-évasé.

Les eaux sont extrêmement rares dans tout le sol occupé par les roches phylladiques; néanmoins la végétation a une grande force; toutes les collines de l'extrémité méridionale sont couvertes de très-beaux bois composés de chênes et de hêtres, au milieu desquels on aperçoit çà et là quelques sapins. De mauvaises prairies occupent le fond des vallées, et quelques champs, dans lesquels on récolte un peu de seigle et de pommes de terre, se voient sur la pente des collines.

Toutes les vignes de la vallée du Milbach, qui prospèrent et donnent d'assez bon vin, sont plantées sur les phyllades; mais dans une épaisse couche de terre végétale qui recouvre la surface des collines.

On a fait beaucoup de recherches au mont Salbert, près de Béfort, dans la vallée du Milbach, entre la Bruche et Villé, à la Crache près de Raon-sur-Plaine, etc., pour découvrir des masses de phyllade propres à donner des ardoises. On a même commencé des exploitations dans ces trois localités, mais elles ont toutes été abandonnées, soit parce que l'ardoise que l'on obtenait n'était pas d'une bonne qualité, soit parce que les feuillets se brisant très-facilement, les dépenses à faire pour en obtenir une certaine quantité étaient trop considérables. L'exploitation de la Crache a duré beaucoup plus long-temps que les autres; on avait même percé une galerie très-profonde pour arriver aux meilleures ardoises, mais les travaux n'ont pas eu le résultat qu'on en attendait. D'après l'examen que j'ai fait de toutes les variétés des phyllades des Vosges, je les crois peu propres à fournir des ardoises d'une bonne qualité, et j'engage ceux qui voudront tenter des fouilles dans ce but, à faire beaucoup d'essais sur les ardoises découvertes avant des dépenses un peu considérables.

Le peu de solidité des phyllades des Vosges me paraît dû au grand bouleversement qu'ont occasioné dans toute la formation les roches du groupe entritique, en la pénétrant et la détruisant au point qu'il n'en reste plus aujourd'hui que des lambeaux; nous reviendrons là-dessus dans la seconde partie. Sur les flancs de la vallée du Rahain, autour de Plancher-Bas, on exploite des schistes qui donnent de grosses plaques nommées *Laves* par les habitans du pays, qui les emploient dans la construction des maisons et celle des murs de clôture.

§ VIII.

FORMATION HOUILLÈRE.

La formation houillère composée de *conglomérats*, de *psammites* et d'*argiles schisteuses*, avec les empreintes végétales qui la caractérisent dans toutes les contrées de la terre, se montre; sur un grand nombre de points de la surface des Vosges, en lambeaux détachés qui, antérieurement à l'éruption des roches euritiques, ont pu faire partie d'un grand tout, ou bien appartenir à des bassins séparés, qui ont encore été morcelés par le soulèvement des montagnes. Partout il existe des veines et quelques petites couches minces de houille, au milieu des roches arénacées qui composent cette formation; mais ce n'est que dans quatre localités, à Lallay (fig. 10), à Saint-Hippolyte, à Sainte-Croix et à Champagney, que l'on a découvert des couches assez étendues pour mériter d'être exploitées. Dans les environs de Villé, à Erlembach, Breitenbach, Saint-Maurice, etc., existent des lambeaux du terrain houiller, renfermant peu ou point de houille, qui reposent sur les phyllades en stratification à peu près concordante. Le dépôt de Lallay se trouve sur le flanc d'une colline de gneiss, coupée par de nombreux filons d'eurite granitoïde, et porphyroïde, qui pénètrent dans les couches du groupe houiller. Ces couches ont une inclinaison très-forte, laquelle ne concorde pas avec celle du gneiss. Dans la vallée de la Meurthe, depuis Lubine jusqu'à Colroy, le terrain houiller reposant transgressivement sur le gneiss, recouvert de la même manière par le grès rouge, se montre au jour dans plusieurs endroits où on a entrepris inutilement des travaux pour chercher de la houille. Encore ici, il est coupé par des masses transversales d'eurite et de porphyre; la siénite à petits grains que nous avons citée dans le micaschiste, au nord de Lubine (§ 6), pénètre jusque dans les conglomérats et les schistes houillers qui le recouvrent.

Dans les houillères du Hury, au sud de Sainte-Croix, nous avons également cité des filons d'eurite (§ 5), qui sortent du gneiss. Ces houillères sont situées à l'origine des vallées, sur le penchant d'une montagne, leurs strates reposent sur le gneiss à stratification discordante; ils inclinent fortement vers le nord, et sont recouverts par les couches horizontales du grès vosgien. Ce dépôt renfermait plusieurs couches de combustible, qui ont donné lieu pendant quelques années à une exploitation avantageuse; mais aujourd'hui elles se trouvent à peu près épuisées; la houille qu'on en retire, quoique sèche, donne une forte chaleur. M. Voltz (1) cite cinq petits dépôts houillers, indépendans les uns des autres : 1° aux environs de la Hinguerie, commune de l'Allemand Rombach; 2° près le château de Haut-Kœnisbourg; 3° au Schontzel, 4° près de l'ancienne verrerie de Ribeauvillé; 5° enfin à Tannenkirch, dans lesquels il dit qu'on a entrepris des recherches qui n'ont donné aucun résultat. Il cite encore un bassin houiller qui s'étend dans les communes de Saint-Hippolyte et de Roderen, dont on a tiré une grande quantité de charbon, mais qui se trouve épuisé actuellement. Les roches inférieures de ce bassin reposent sur le granite, auquel on les voit passer insensiblement par des arkoses; tous les strates sont inclinés, et recouverts transgressivement par ceux du grès vosgien.

---

(1) Géognosie de l'Alsace, page 16.

En partant du parallèle de Saint-Hippolyte, et marchant vers le sud, on ne rencontre plus de traces du terrain houiller, ni sur les flancs ni dans l'intérieur de la chaîne. Ce n'est qu'au pied de l'extrémité sud, que ce terrain se retrouve, depuis Etuffont jusqu'à Rouge-Goutte, et plus à l'ouest, depuis Champagney jusqu'à Ronchamps; il repose ici sur le phyllade, et il est recouvert par l'étage inférieur du grès rouge. Dans cette contrée, les strates du terrain houiller plongent vers le sud-ouest comme ceux des schistes sur lesquels ils reposent et du grès rouge qui les recouvrent; mais je n'ai pas pu reconnaître si dans ces trois groupes les stratifications sont concordantes. Suivant la coupe donnée par M. E. de Beaumont (1), les couches de houille que l'on exploite à Ronchamps ne seraient pas parallèles aux strates du grès rouge, ce qui est parfaitement d'accord avec ce que l'on observe dans toutes les autres parties des Vosges, et même dans le bassin houiller de Sarrebruck.

Les exploitations de Ronchamps et de Champagney sont encore très-productives; mais la quantité de houille diminue tous les jours, et peut-être sera-t-on obligé de les abandonner. Cette houille n'est pas d'une très-bonne qualité; elle est remplie de pyrites, et colle médiocrement. On ne cite point de masses feldspathiques dans les roches de la formation houillère de l'extrémité sud de la chaîne; cependant elles doivent en contenir comme celles des bassins du nord, puisqu'ici ces roches traversent les schistes sur lesquels reposent les psammites et les conglomérats houillers.

Dans toutes les contrées que nous venons de citer, les roches du groupe houiller ne se montrent jamais à la surface du sol que sur une très-petite étendue; elles ne forment ni montagnes ni collines, étant partout presque entièrement recouvertes par le grès rouge qu'il a toujours fallu percer dans toutes les recherches de houille que l'on a entreprises; nous ne

---

(1) Observations géologiques sur quelques terrains secondaires du système des Vosges.

pouvons donc rien dire sur l'hydrographie du sol houiller, non plus que sur sa fertilité.

La houille des Vosges, sans être d'une très-bonne qualité, peut cependant être employée dans les forges; et si on parvenait à en découvrir des masses puissantes et étendues, on rendrait un immense service au pays, dont les usines consument une si grande quantité de bois, que leur chute prochaine est à redouter; car le prix du bois augmente de plus en plus. Malheureusement on n'a pas d'espoir de découvrir de nouvelles couches de houille, plusieurs dépôts sont épuisés, et la richesse de ceux qui fournissent encore diminue tous les jours; les sondages entrepris dans le voisinage des couches exploitées, n'ont fait que démontrer la stérilité du terrain.

Ces faits prouvent ce que j'ai avancé dans le commencement de ce paragraphe, que le terrain houiller ne se montre que par lambeaux dans la chaîne des Vosges. Ces lambeaux gisent dans le fond des vallées, au pied des montagnes, et même jusqu'à une certaine hauteur sur les flancs; ceux de Lallay et de Sainte-Croix atteignent 700 mètres au-dessus de la mer. Les couches sont toujours inclinées et relevées du côté des montagnes, au pied ou sur le flanc desquelles elles gisent. Enfin, des masses d'eurite, de porphyre, et même de siénite à petits grains, pénètrent transversalement dans les roches du terrain houiller, comme dans celles de toutes les formations inférieures jusqu'au groupe entritique. Il est donc extrêmement probable que ce terrain a été morcelé en même temps et par la même cause que celui des schistes. Nous traiterons avec détails cette question dans la seconde partie.

§ IX.

FORMATION DU GRÈS ROUGE.

Nous avons déjà parlé plusieurs fois d'un grès rouge qui repose transgressivement sur les roches du terrain houiller dans presque tous les endroits où nous les avons citées; ce grès constitue un groupe géognostique parfaitement caractérisé, et qui a pris un développement considérable dans la chaîne des Vosges, qu'il forme presque entièrement depuis Mutzig jusqu'en Bavière. Ce groupe est composé de trois étages, dans chacun desquels la roche principale diffère très-sensiblement, savoir : 1° *grès rouge (rothe-todte-liegende)*; 2° *grès vosgien*; 3° *grès bigarré* (*bunter sand stein*); nous allons décrire chacun de ces étages séparément, et nous exposerons ensuite les rapports qui existent entre eux.

1°. *Rothe-todte-liegende*. La roche la plus abondante de cet étage est *une arkose* à petits grains dans laquelle le feldspath est plus ou moins décomposé; dans le voisinage des porphyres et des eurites, l'arkose se charge de matières argileuses rougeâtres, passe même à un véritable argilolithe (au pied de l'extrémité méridionale des Vosges jusqu'à plus de trois lieues au sud, dans toutes les vallées du Valdajot, etc.) Dans cette dernière localité, les couches inférieures du grès rouge sont presque entièrement formées d'argilolithes et d'argilophyres, provenant de la décomposition des masses euritiques qui sont au-dessous. La couleur de ces argilolithes varie; elles sont rouges, grises et bleuâtres, et souvent maculées de blanc Comme l'argilophyre globaire, qui forme de grosses masses à la partie inférieure du grès rouge dans le bois d'Erival; leur structure est tantôt schistoïde et tantôt compacte. Avec les arkoses et les argilolithes, on trouve souvent, surtout dans la partie méridionale, des couches d'une brèche ou poudingue, composée de fragmens de phyllade, de porphyre et d'eurite faiblement agglutinés par un ciment argileux rouge.

Quand le grès rouge repose sur le granite ou sur le gneiss, à l'extrémité nord des formations granitique et gneissique, il commence par une arkose granitoïde, qui le lie intimement au granite, et plus généralement par des *anagénites*, composées de fragmens plus ou moins arrondis de granite, de leptinite et de gneiss, réunis par un ciment argileux ou siliceux; tout le long de la route de Bruyères à St-Dié, et de celle de St-Dié à Saalles, on trouve beaucoup de ces anagénites à la base du grès rouge. Le ciment est tantôt rouge et tantôt blanchâtre; elles ont la propriété de se diviser en plaques fort étendues, ce qui fait qu'on les emploie beaucoup dans les constructions, et surtout pour celle des murs de clôture, dont il existe un grand nombre sur les bords de la route de Bruyères à Saalles.

Les anagénites sont recouvertes par des strates d'arkose et de matières argileuses alternant entre eux. Presque partout, les couches supérieures du todte-liegende se chargent de silice, perdent leurs parties argileuses, et passent ainsi insensiblement à un grès rouge, siliceux (*grès vosgien*), qui retient toujours une certaine quantité de cristaux de feldspath, quelquefois si petits qu'on ne peut les apercevoir qu'avec une loupe.

Ce passage du grès rouge au grès vosgien se voit parfaitement dans les escarpemens de l'Avison, près de Bruyères, et jusqu'à une grande distance à l'est et au nord aux environs de cette ville, dans les ravins qui déchirent le pied des montagnes de grès vosgien. On peut l'observer à l'extrémité sud des Vosges, entre Ronchamps et St-Barthélemy, particulièrement près du premier village, dans le monticule sur lequel s'élève *la chapelle de Bourg-les-Monts*.

Le rothe-todte-liegende est généralement bien stratifié, les strates sont à peu près horizontaux, environs de Bruyères, de Corcieux, de St-Dié, etc., ou bien légèrement inclinés, au sud-ouest, dans toutes les collines de grès rouge sur les versans de la vallée de la Meurthe, depuis St-Dié jusqu'à Lubine, et dans toutes celles du pied méridional de la chaîne. Cette inclinaison diminue dans les parties supérieures, et au point de contact avec le grès vosgien, les strates du grès rouge sont presque toujours horizontaux; alors ils renferment très-souvent de petites couches, des veines et des rognons d'une dolomie grenue, grise ou blanchâtre, contenant assez souvent de la silice. Cette dolomie est exploitée comme pierre à chaux, et donne une assez bonne chaux hydraulique. Dans les montagnes au nord-ouest de Lubine, la dolomie forme, entre le grès vosgien et le todte-liegende, deux couches de quatre mètres d'épaisseur chacune, séparées l'une de l'autre par dix mètres d'un grès rouge, argileux, divisé en strates minces, schistoïdes, (fig. 11). La dolomie est blanchâtre, grenue et toujours plus ou moins siliceuse; elle renferme des veines et des rognons de jaspe rouge, des géodes de quarz hyalin et des cristaux de chaux carbonatée, mais point de fer oligiste. La masse dolomitique est divisée en fragmens irréguliers par de nombreuses fissures; mais elle n'offre jamais de stratification. Ces couches de dolomie sortent près du sommet de la montagne, dans un escarpement, sur une longueur de plus de 300 mètres; on a ouvert des carrières dans la plus élevée, qui est aussi la plus facile à exploiter, et l'on en tire des pierres qui étant calcinées, dans les chaufours situés au pied de la montagne, donnent une bonne chaux maigre.

Près de la petite Raon, vallée de Senones, il existe aussi des dolomies entre les deux premiers étages du grès rouge, qui sont également exploitées comme pierre à chaux.

Il est presque généralement admis que le *grès rouge*, *rothe-todte-liegende* des Allemands, renferme des porphyres particuliers, que plusieurs géognostes ont nommés *porphyres du grès rouge*. Je n'ai jamais vu, dans les Vosges, de porphyres que l'on puisse considérer comme appartenant à la formation du grès rouge, ni même comme s'étant introduits dans cette formation, postérieurement à son dépôt, de la même manière que cela est arrivé pour les groupes inférieurs.

Le grès rouge repose sur toutes les roches plus anciennes que lui; sur les schistes, la stratification est transgressive, environs de Villé, et il n'y a point de liaison entre les deux roches. Sur les granites, sur les gneiss et sur les leptinites, la surface est toujours décomposée, et les premières couches de grès qui sont des anagénites ou des arkoses, se lient intimement avec elle. Quand il y a des parties saillantes, la matière rouge s'étant déposée autour, elles pénètrent dedans jusqu'à une certaine distance, et dans ce cas leur surface est toujours plus ou moins altérée. Il arrive absolument la même chose pour toutes les variétés d'eurite et de porphyre, quand elles sontrecouvertespar le grès rouge. Les *argilolithes* et les *argilophyres*, si communs dans la partie inférieure de cette formation, sont le résultat de la décomposition des roches entritiques par le liquide, probablement acide, qui a déposé le grès rouge; les couches argileuses de ce grès sont formées d'une portion de ces roches décomposées, que les mouvemens de la masse liquide ont portée dans la dissolution. Les brèches et les poudingues à fragmens de porphyre et d'eurite, représentent les anagénites de la région granitique. Les parties saillantes, qui sont beaucoup plusnombreuses dans la formation entritique que dans tous les autres groupes, ayant aussi été recouvertes par le grès rouge lorsqu'il se déposait, doivent pénétrer et pénètrent effectivement de toute leur longueur dans sa masse; mais ce ne sont point des filons ou autres masses transversales analogues à celles que nous avons citées, dans les granites, les leptinites, et jusque dans le terrain houiller; on ne les trouve que dans les localités où le grès repose sur la masse dont elles font partie, et leur surface est toujours décomposée; ce ne sont des eurites et des porphyres, qu'au-dessus de la formation entritique, ou dans les localités où ces roches percent les autres, comme au Val-dajot. Celle-ci offre une foule de faits conformes à ce que je viens de dire : beaucoup de masses euritiques et porphyriques percent le granite, qui forme la base de toutes les montagnes de grès rouge, et on peut voir, principalement sur les flancs de la vallée d'Erival, des masses de granite, de porphyre et d'eurite au milieu de ce grès, et s'assurer qu'elles ont fourni une grande partie des matériaux qui entrent dans sa composition. Près de Fainmont, au pied du versant nord de la vallée d'Erival, existe une masse d'argilolitheblanchâtre, que l'on appelle *kaolin*. Ce kaolin provient de la décomposition d'une masse d'eurite compacte, dont on trouve encore au milieu de gros fragmens non décomposés.

Sur le même versant, un peu plus à l'ouest, dans le fond d'un petit ravin, on a découvert plusieurs arbres silicifiés, dans un argilolithe blanchâtre, qui renferme un peu de quarz et de mica. En gravissant le flanc de la montagne, on voit le quarz et le mica augmenter, et cet argilolithe passer à la roche granitoïde dont il provient.

Sur la rive droite de la Meurthe, entre Beutay et Provenchères, dans les escarpemens du grès rouge, qui forme la berge de la rivière, on voit cette roche reposer sur des argilolithes et des argilophyres, et les parties saillantes de ceux-ci pénétrer dans le grès rouge qui les a recouvertes. Au Donon, le grès rouge repose sur la formation entritique qui est très-développée au pied de cette montagne. En remontant le long de ses flancs, on voit le porphyre percer plusieurs fois le grès, en sorte qu'on pourrait croire qu'il y a alternance entre les deux roches; mais une étude approfondie démontre que c'est une fausse apparence, due à des parties saillantes de la masse porphyrique, qui sont enfouies sous le grès. Dans toutes les localités où on a cru voir les porphyres et les eurites pousser des filons dans le grès rouge, qu'on examine bien, et on reconnaîtra que ce sont de fausses apparences. Les porphyres secondaires dont parle M. Voltz (1) ne sont autre chose que ceux que l'on a nommés porphyres du grès rouge. Il dit que la pâte est un eurite terreux, et que les cristaux sont du feldspath altéré, passant à la stéatite. Toutes ces roches appartiennent à la formation entritique.

Les argilolithes et les argilophyres contiennent souvent une grande quantité de veines de fer oligiste micacé, et quelquefois des traces de galène et de cuivre; mais je n'ai jamais vu aucune espèce de métaux dans le grès rouge.

Tous les faits que je viens de rapporter démontrent que la roche arénacée qui constitue le premier étage du groupe n° 9, est formée des débris de toutes celles plus anciennes qu'elle, colorés en rouge par de l'oxide de fer, qui se trouvait en grande quantité dans le liquide qui l'a déposée.

Le rothe-todte-liegende se montre au pied des montagnes de grès vosgien, dans presque tous les bassins et le fond des vallées de ces montagnes; il occupe, au pied sud de

(1) Géognosie de l'Alsace, page 18.

la chaîne, un espace, de six lieues de longueur sur trois de largeur, couvert de collines peu élevées, plus ou moins aplaties, au milieu desquelles s'élèvent, à une plus grande hauteur, les petites montagnes schisteuses dont nous avons parlé au § 7.

Les sources sont rares dans le grès rouge, cependant les puits sont peu profonds; mais l'eau n'est pas d'une très-bonne qualité; le sol est peu fertile : on y rencontre beaucoup de friches, de mauvais prés, et des champs dans lesquels les céréales et les pommes de terre croissent mal.

Les arkoses et les anagénites fournissent d'excellentes pierres pour la bâtisse; les argilolithes et les argilophyres étant très-réfractaires, sont exploités pour la construction des fours et des fourneaux.

Les dolomies donnent une fort bonne chaux hydraulique; elles sont exploitées pour cet usage à Bruyères, à la Petite-Raon, dans la vallée de Senones, au nord-ouest de Lubine, etc. Comme ces dolomies contiennent toujours une certaine quantité de silice, la chaux qui en provient absorbe peu de sable dans la confection du mortier.

2°. *Gres vosgien.* Dans la région des dolomies, le grès rouge devient de plus en plus siliceux, et enfin on arrive à un véritable grès composé de petits grains de quarz dont l'extérieur seulement est coloré en rouge par l'oxide de fer, ce qui donne à toute la masse une teinte rouge. Des grains de feldspath en partie décomposés se montrent çà et là au milieu de ceux de quarz, et quelques petites particules argileuses qui pourraient bien provenir de la décomposition complète du feldspath ; mais il existe aussi dans la roche de gros nodules argileux, dont quelques-uns ont plus de 0^m 3 de diamètre, et auxquels on ne peut attribuer la même origine. Comme ceux-ci résistent moins que le grès à l'action destructive des agens atmosphériques, ils laissent souvent, en se détruisant, des cavités dans les masses.

Certaines couches du grès vosgien offrent une structure schistoïde très-remarquable; il y a plusieurs systèmes de feuillets qui se coupent sous différentes angles; d'autres couches, et surtout dans la partie inférieure de cet étage, contiennent une grande quantité de cailloux roulés, depuis la grosseur d'un œuf de pigeon jusqu'à celle du poing; c'est alors un véritable poudingue, dont le ciment est le grès lui-même. Les cailloux sont presque tous quarzeux, et les variétés de quarz offrent la plus grande analogie avec celles que nous avons trouvées constituant des veines et des filons dans les phyllades et les micaschistes. Ces différentes variétés de quarz contiennent souvent des paillettes de mica dans leur intérieur. Parmi ces cailloux quarzeux, on en trouve quelques-uns d'eurite compacte, gris et jaunâtres, très-peu d'eurite porphyroïde et de diorite, qui ont subi un commencement de décomposition. Ces cailloux sont les mêmes dans toute l'étendue de la chaîne des Vosges, et les principales variétés que l'on peut y distinguer sont toujours à peu près dans les mêmes proportions.

Le grès vosgien est divisé en couches assez régulières, dont l'épaisseur varie depuis 0^m 5 jusqu'à deux mètres. Généralement, ces couches sont horizontales et paraissent n'avoir éprouvé aucun dérangement depuis leur dépôt. Dans les parties inférieures, elles sont quelquefois légèrement inclinées, surtout lorsqu'elles reposent sur le premier étage; car la stratification est toujours concordante entre le grès rouge et le grès vosgien; mais cette légère inclinaison pourrait bien ne provenir que de celle de la surface sur laquelle le grès s'est déposé.

Lorsque le grès vosgien recouvre les granites, les leptinites et les gneiss, il commence presque toujours par des arkoses qui le lient avec ces roches (sur le versant oriental, entre Guebwiller et Eguisheim, etc.) Près de Poucheux, sur la grande route de Remiremont à Epinal, j'ai vu le gneiss décomposé à sa partie supérieure, se charger de sable et passer insensiblement au grès vosgien. Dans les environs de Bade, sur la rive droite du Rhin, les arkoses liant le grès vosgien au granite sont très-bien développés.

Des fissures à très-peu près verticales divisent les strates de grès vosgien en gros blocs qui présentent la forme d'un parallélipipède, ce qui facilite beaucoup son exploitation. Certaines parties de la masse sont si peu solides, qu'elles se réduisent en sable sous le moindre choc, principalement les couches de poudingue; d'autres se désagrègeant sous l'influence des agens atmosphériques, se détruisent en grande partie, et forment des cônes d'éboulement, au pied des escarpemens. Dans tous ces éboulemens, les sables conservent leur couleur rouge, que le lavage par les eaux, tant celles des sources que celles de l'atmosphère, ne diminue pas sensiblement. Il existe, sur les pentes et les plateaux des montagnes, une couche d'alluvions plus ou moins épaisse, composée presque entièrement des matériaux du grès. On remarque sur cette couche, et aussi engagés dans son intérieur, des blocs de granite, de leptinite, de gneiss et du grès lui-même, qui ont été roulés.

J'ai vu dans le grès vosgien quelques veines de fer hydroxidé très-peu importantes; mais je n'y ai jamais remarqué aucun filon de quelque nature que ce soit. Cependant, près de Guebwiller et dans les environs de Lembach, il renferme des filons exploités de fer hydroxidé, soit compacte, soit hématite, accompagné de carbonate, de phosphate et d'arséniate de plomb. « Ces filons du grès vosgien, » dit M. Voltz (1), « sont composés de sable et de cailloux « quarzeux, provenant de ce grès, réagglutinés par une « matière argileuse, et contenant de grands blocs de cette « roche; auprès du mur et du toit, ils ont toujours du mi- « nerai, mais avec plus ou moins d'abondance et toujours « entremêlé de ces sables, cailloux et blocs...... On ne « trouve ici ni quarz en masse, ni baryte sulfatée, ni py- « rites. »

On voit d'après cela que ces filons sont très-différens de ceux des groupes inférieurs au grès rouge. Les roches feldspathiques et amphiboliques ne pénètrent nulle part dans le

(1) Géognosie de l'Alsace, page 22.

grès vosgien; elles se sont arrêtées dans les roches de la formation houillère.

Tous les auteurs qui ont écrit sur les Vosges s'accordent à dire que le grès vosgien est dépourvu de restes organiques, végétaux et animaux, j'ai cependant vu chez le docteur Mougeot un morceau de bois silicifié, très-usé, trouvé au milieu du grès vosgien, dont il y avait encore des parties adhérentes à l'échantillon. M. Hogard prétend avoir recueilli quelques bivalves marines dans cette roche, aux environs de Plombières.

Comme les couches du grès vosgien sont horizontales, et qu'au pied des montagnes se montre souvent le todte-liegende; sa puissance est facile à mesurer : dans les environs de Raon-l'Etape, où elle m'a paru atteindre son maximum, elle varie entre 500 et 540 mètres.

Cette roche se trouve sur les deux versans des Vosges, où elle forme des collines et des petites montagnes, depuis le parallèle du ballon de Guebwiller, en marchant vers le nord. A peu près à la hauteur de Saint-Dié, elle se montre sur la crête et s'étend ensuite jusqu'au pied du versant occidental. A partir de Mutzig jusqu'à la frontière de la Bavière rhénane, le grès vosgien constitue presque à lui seul la chaine entière. Ainsi cette roche acquiert un dévoloppement très-considérable, et elle joue un des principaux rôles dans la constitution du groupe des Vosges; elle existe aussi de l'autre côté du Rhin avec les mêmes caractères minéralogiques et géognostiques, mais n'ayant pas pris cependant un aussi grand développement qu'en France.

Les montagnes de grès vosgien atteignent jusqu'à 1,000 m. au-dessus du niveau de la mer (le Donon, etc), mais il constitue aussi des collines dont la hauteur ne dépasse pas 500 mètres (environs d'Epinal). Ces montagnes ne forment point des massifs analogues à ceux dont nous avons parlé précédemment : ce sont de grands plateaux plus ou moins étendus, découpés par des vallées souvent très-profondes, dans lesquelles les couches se correspondent assez bien de chaque côté. Ces vallées ne commencent point par un cirque, au contraire, elles sont ordinairement très-étroites à leur origine, et s'élargissent ensuite de plus en plus jusqu'à ce qu'elles se perdent dans les plaines ou dans d'autres vallées. Entre les divers plateaux morcelés par des vallées, ce qui leur donne l'aspect de véritables montagnes, il existe des cônes presque parfaits dont le sommet est toujours obtus, dans lesquels les couches sont horizontales, comme dans les autres montagnes. On observe au pied et sur les flancs de ces cônes une grande quantité de débris qui dévoilent leur mode de formation : leur hauteur, égale à peu près à celle des plateaux voisins, annonce qu'ils sont les restes de masses plus considérables qui ont été détruites (Avison, et quelques autres montagnes autour de Bruyères; quelques sommets des environs de Corcieux et de Saint-Dié, le Climont, au nord de Lubine, le Donon, etc.) Plusieurs cônes semblables et de petits plateaux composés de couches horizontales, existent encore sur les formations granitiques et gneissiques; ce sont des témoins attestant l'ancienne existence du grès sur ces roches, et sa destruction par une cause violente, comme nous le dirons dans la seconde partie. Plusieurs sommets et plateaux de ce genre se remarquent dans les environs de Saulxures, de Remiremont, de Gérardmer, de Granges, etc. (*le haut du Roc*, *le plateau du Solem*, *le haut du Tault*, *le mont Liry*, *le Neymont*, *la Molure, etc.*) Ces sommets coniques sont ordinairement composés de blocs entassés les uns sur les autres, tandis que les plateaux sont formés de couches parfaitement horizontales. Sur tous ces plateaux on trouve beaucoup de blocs erratiques de granite, de leptinite, quelques-uns de gneiss et très-peu d'eurite.

Les sources sont plus abondantes dans le grès vosgien que dans le rothe-todte-liegende; cependant elles sont encore assez rares, et la fertilité du sol n'est pas très-grande, particulièrement sur les pentes un peu inclinées, dont la plupart sont arides ou couvertes de bruyères; depuis quelques années on y a semé des pins qui croissent cependant assez bien. Les plateaux sont généralement couverts de beaux bois, dans lesquels les chênes et les hêtres se trouvent mélangés avec les sapins; les prairies qui couvrent le fond de la plupart des vallées, m'ont paru moins bonnes que celles qui occupent la même position sur les sols gneissiques, granitiques et pétrosiliceux. Les céréales et les pommes de terre croissent assez bien sur le grès vosgien.

Cette roche fournit d'excellentes pierres de taille et de très-bons moellons pour la bâtisse; elle est exploitée pour ces deux usages sur un grand nombre de points du sol qu'elle occupe; il y a peu de villages bâtis sur le grès vosgien, qui n'aient une carrière ouverte pour leurs construction. On l'emploie aussi à construire des fourneaux de fonderie; les couches les plus dures et les plus solides donnent de bonnes meules pour aiguiser les outils, et d'autres pour moudre le grain. Les sables provenant de la décomposition des parties friables sont très-propres à la fabrication du mortier. Nous avons déjà dit que les dolomies de la partie inférieure donnaient une bonne chaux maigre; les minérais de fer traités dans les fourneaux de Jagerthal, de Niederbronn et de Mutterhausen, quoique très-réfractaires, donnent cependant un bon fer. Enfin, la galène fondue à Ketzenthal fournit du plomb et un peu d'argent.

3°. *Grès bigarré* (*bunter sand stein*). Le grès bigarré, qui suivant moi constitue le troisième étage de la grande formation arénacée des Vosges, se trouvant toujours en dehors de la chaîne, surtout dans la portion de pays dont je m'occupe, ne sera pas décrit avec autant de détails que les roches précédentes, parce qu'il l'a parfaitement été par M. E. de Beaumont (1), et que j'ai eu peu d'occasion de l'observer. Je me bornerai à établir ses rapports avec le grès vosgien.

La roche à laquelle on a donné le nom de grès bigarré, n'est point un véritable grès, mais bien un psammite composé de sable siliceux et d'argile renfermant des paillettes de

(1) Observations géologiques sur quelques terrains secondaires du système des Vosges.

mica, qui sont quelquefois très-abondantes. Cette roche, qui est toujours trèsbien stratifiée, présente une structure schistoïde, due probablement à la présence du mica. Sur quelques points et particulièrement aux environs de Plombières, la structure schistoïde n'est pas très-marquée, le psammite est fort dur et se rapproche un peu du grès vosgien. En général, les couches inférieures sont les plus épaisses et les plus solides, et à mesure qu'elles s'élèvent elles deviennent de plus en plus schisteuses et moins solides. Les premières renferment quelquefois des cailloux roulés comme le grès vosgien; mais on n'en voit jamais dans les secondes.

Les strates du grès bigarré, horizontaux ou très-peu inclinés, reposent sur toutes les formations plus anciennes que lui, d'une manière transgressive. Au Valdajot, à Plombières et à Bains, il existe des couches de grès vosgien entre les granites, les gneiss, les siénites, et celles du grès bigarré. Dans ces localités, les stratifications sont concordantes entre les deux étages de notre formation, et il est bien difficile de saisir la limite entre les deux roches; souvent elles passent insensiblement l'une à l'autre. Entre Forbach et Sarguemine, M. E. de Beaumont a vu le grès bigarré recouvrir le grès vosgien à stratification trangressive, et un lit de rognons dolomitiques entre les deux roches. Ce fait, et quelques autres observés par le même géologue (1), le portent à regarder le grès bigarré comme formant un groupe distinct de celui du grès vosgien. Je ne partage point son opinion, et je prétends que toute cette grande masse arénacée des Vosges, comprenant le grès rouge, le grès vosgien et le grès bigarré, doit son existence aux mêmes causes, et qu'on ne peut en former qu'un seul groupe. Les discordances locales de stratification ne prouvent point contre mon opinion; des faits semblables ont été observés dans l'intérieur des formations les mieux caractérisées (la grande oolite de Bourgogne, le terrain houiller de l'Auvergne, etc.); ils sont dus à des bou-

(1) Ouvrage déjà cité.

leversemens partiels, qui ont eu lieu sur un petit espace, pendant le dépôt même de ces strates, dont l'ensemble constitue les groupes dans lesquels on les observe. Les seuls caractères spécifiques et non point génériques, qui distinguent le grès bigarré du grès vosgien, sont sa composition minéralogique, qui est essentiellement différente, et le grand nombre de restes organiques, végétaux et animaux qui s'y trouvent enfouis, et dont le grès vosgien est entièrement ou presqu'entièrement dépourvu. Tous les fossiles ont été recueillis par M. Voltz, et décrits avec un soin tout particulier tant par lui que par M. Ad. Brongniart. Nous ne ferons que citer ici ces restes organiques pour la description desquels nous renvoyons aux ouvrages de ces deux savans.

Les végétaux sont *des équisétacées*, *des fougères*, *des conifères* (voltzia), et quelques *liliacées*. Les coquilles sont *des térébratules*, *des plagiostomes*, *des trigonelles*, avec un grand nombre de *cypricardia socialis* (Lefroy), espèce si commune dans le muschelkalk; enfin, des moules d'univalves, qu'on peut rapporter au genre *turritelle* et *natice*.

Tous ces restes organiques se montrent en si grande abondance dans certaines parties du grès bigarré que la roche en est pour ainsi dire pétrie. On en trouve beaucoup dans les carrières ouvertes aux environs d'Epinal, de Sultz, etc.

Je ne pousserai pas plus loin la description du grès bigarré; je l'ai peu étudié, et mon but n'est que de faire connaître les groupes plus anciens que lui, qui ont été mal décrits et encore plus mal classés jusqu'à présent.

Le grès bigarré est recouvert à stratification concordante, par le groupe de muschelkalk, auquel on voit succéder les marnes irisées, le lias et les autres formations jurassiques, qui sont beaucoup mieux développées sur le versant occidental que sur le versant oriental des Vosges. Tous ces groupes ont été parfaitement décrits par M. E. de Beaumont, à l'ouvrage duquel je renvoie le lecteur (1).

---

(1) Observations géologiques sur quelques terrains secondaires du système des Vosges.

Les strates de tous les groupes géognostiques, supérieurs au grès bigarré, sont toujours inclinés d'une certaine quantité, même ceux des formations d'eau douce les plus nouvelles, qui gisent sous les alluvions dans la vallée du Rhin, depuis Bâle jusqu'à Lauterbourg. Depuis Saverne jusqu'à Wissembourg, au pied des escarpemens formés par les couches horizontales du grès vosgien, on trouve le muschelkalk plongeant fortement au sud-est, recouvert par toutes les formations plus nouvelles à stratification concordante, mais dont l'angle d'inclinaison va en diminuant à mesure qu'on s'éloigne de lui, en sorte que les roches les plus élevées dans la série sont les moins inclinées. Tous ces groupes géognostiques qui gisent à différentes hauteurs, sur les deux flancs et aux extrémités de la chaîne, sont recouverts en partie par le grand attérissement diluvien qui, dans ces contrées, présente des phénomènes extrêmement remarquables et dont j'ai déjà fait connaître quelques-uns dans un mémoire publié, en 1830, sur le terrain diluvien de la vallée du Rhin (1).

§ X.

TERRAIN DILUVIEN.

Dans toutes les vallées de la chaîne des Vosges, il existe une grande alluvion qui part de la crête et va se rattacher à celles des plaines d'Alsace et de Lorraine. Après avoir suivi l'inclinaison des pentes des montagnes et des collines, sur lesquelles il gît, ce grand dépôt de transport s'étend horizontalement dans les plaines jusqu'à une grande distance : il recouvre tout le fond de la plaine du Rhin, comprise entre les Vosges et les Schwarzwald, on le retrouve sur le versant oriental de cette chaîne, sur le versant occidental des Vosges, et dans les plaines et les grandes vallées qui sont au pied de ces versans, toujours avec les mêmes caractères géognostiques.

---

(1) Journal de géologie, mai 1830.

Près des crêtes et sur les versans des rameaux, le terrain diluvien renferme une grande quantité de gros blocs, plus ou moins arrondis, dans une couche de sables avec des cailloux roulés de même nature que les blocs, ou des filons qui percent la roche d'où ils proviennent. En descendant dans les vallées, la quantité de sable et de cailloux augmente, et la grosseur des blocs diminue; si on suit les vallées (celles de la Vologne, de la Moselle, de la Thur, de la Dolleren, du Weissbach), jusqu'à ce qu'elles aillent se perdre dans les plaines, on voit la grosseur des matériaux diminuer de plus en plus, des argiles se mêler aux sables et former de petites couches alternant avec eux; enfin, sur la surface des plaines, on ne trouve plus, au milieu de ces argiles et de ces sables, que des cailloux roulés, dont les plus gros sont comme des œufs ordinaires, avec quelques blocs répandus çà et là.

La nature des roches qui entrent dans la composition du terrain diluvien est toujours en rapport avec celle des montagnes voisines; dans la région granitique (voyez la carte), les blocs et les cailloux appartiennent tous au granite, à l'exception d'un petit nombre provenant des quarz, des eurites et des porphyres, qui s'y montrent en filon. Il en est de même pour la région siénitique. Sur tout le sol occupé par la formation entritique, la plupart des cailloux et des blocs appartient bien aussi aux roches (eurites, diorites et porphyres) qui constituent cette formation; mais avec eux se trouve toujours une certaine quantité de blocs et de fragmens de granite dans la région granitique, et de siénite dans la région siénitique. Ces fragmens sont les débris de la croûte granitique brisée par l'éruption des eurites et des porphyres.

Dans l'intérieur des montagnes gneissiques (environs de Lubine, Sainte-Marie-aux-Mines, le Bonhomme, etc.), l'atterissement diluvien n'est pas à beaucoup près aussi bien développé que dans les autres parties de la chaîne; plusieurs vallées en sont, pour ainsi dire, dépourvues, car on ne rencontre çà et là que quelques blocs du gneiss ou des roches qui lui sont subordonnées, et qui peuvent avoir roulé depuis peu du sommet des montagnes; mais partout où cette formation existe, elle présente les caractères que nous venons d'énumérer plus haut.

Sur les flancs des montagnes du grès vosgien, et dans le fond des vallées qui les séparent, il existe une couche très-puissante composée de sables et de cailloux identiques avec ceux du grès, au milieu desquels on remarque de petites couches d'argile. Ces sables sont généralement blancs, ce qui les distingue de ceux qui résultent de la destruction du grès par les causes encore actuellement agissantes, et qui sont toujours rouges.

Le terrain diluvien du pied de la chaîne, des extrémités et des deux versans, même dans la région des roches anciennes, contient toujours une grande quantité de cailloux et de sables du grès vosgien, parce que ce grès se montre encore par lambeaux sur tous les flancs; et les solutions de continuité, qui existent maintenant entre les lambeaux, sont le résultat de l'action des eaux diluviennes, qui ont détruit la roche et transporté ses débris dans les lieux où nous les voyons aujourd'hui.

Dans le fond de toutes les grandes vallées (aussi bien celles de la région du grès que celles de la région des roches anciennes), le terrain diluvien forme de petits monticules à peu près de même hauteur, généralement placés en aval des angles saillans, formant cap dans la vallée; ces monticules sont composés de sables et d'argiles, disposés en couches irrégulières, et renfermant, dans leur intérieur, des blocs et des cailloux roulés de toutes les grosseurs. Les couches sont quelquefois très-inclinées (environs du Tholy), ce qui semble annoncer qu'elles ont été bouleversées depuis leur dépôt.

La puissance de l'attérissement diluvien varie dans chaque localité; c'est dans la vallée de la Moselle, aux environs de Remiremont, qu'elle est la plus considérable; elle dépasse 20 m. dans plusieurs escarpemens.

Autour de Gérardmer, j'ai vu creuser des puits de 10 et 11 mètres de profondeur, toujours dans la masse des sables remplis de blocs et gros cailloux de granite et de leptinite; ces puits fournissent, en assez grande abondance, une bonne eau. Dans la plaine du Rhin, l'épaisseur est beaucoup plus considérable; elle va jusqu'à 100 mètres aux environs de Strasbourg; partout on observe qu'elle atteint son maximum vers le thalweg des vallées, et qu'elle va en diminuant de chaque côté, à mesure qu'on s'éloigne de cette ligne.

Dans la plaine du Rhin (1), le terrain diluvien est composé de deux étages parfaitement distincts; l'inférieur et le plus épais formé de sables et de cailloux roulés, provenant presque tous du grès vosgien, et le supérieur formé par une marne jaunâtre, *lœss* des Allemands, *lehm* des Alsaciens, très-douce au toucher, faisant pâte avec l'eau, se réduisant très-facilement en poussière, et dont la puissance va jusqu'à 15 mètres. Ce lehm renferme dans sa masse beaucoup de productions cylindriques d'un tuf calcaire blanc, analogue à celles qui sont encore formées actuellement par les eaux chargées d'acide carbonique. Ces productions sont accompagnées de nodules calcaréo-sableux, dont la nature ne diffère pas essentiellement de celle de la marne qui les contient. Ces nodules gisent plus particulièrement dans les parties inférieures de la masse marneuse.

Le lehm constitue de petits groupes de collines au pied des deux chaînes qui bordent la plaine du Rhin; quelques-uns de ces groupes se trouvent isolés dans la plaine. Aux environs de Mulhouse, de Strasbourg et de Lauterbourg, il existe un grand nombre d'escarpemens, formant des berges assez étendues, dans lesquels on voit fort bien les sables avec cailloux roulés au-dessous du lehm.

Je n'ai jamais découvert aucune trace de restes organiques dans le terrain diluvien de l'intérieur des montagnes, quoique j'y en aie souvent cherché; les ouvriers qui travaillent aux carrières de sables entre Bussang et Saint-Maurice, ont trouvé des os d'un grand animal; mais ils les ont jeté sans en faire aucun cas, et je n'ai pas pu les avoir. Mais sur différens points de la plaine du Rhin, on a déterré, au milieu

(1) Voyez mon Mémoire cité plus haut.

des sables et des marnes, des os, des dents et des défenses d'*éléphans* et de *rhinocéros*; le musée de Strasbourg et la Société industrielle de Mulhouse, en possédent plusieurs morceaux bien conservés. J'ai vu dans la collection de M. Zuber, président de cette société, des os d'*éléphans*, de *bœufs*, de *chevaux* et *une mâchoire d'hyène*, trouvés par lui dans le lehm, et les cailloux roulés des environs de Rixheim. D'un bout à l'autre de la plaine du Rhin, le lehm contient, avec les débris de quadrupèdes dont je viens de parler, des coquilles terrestres et des coquilles fluviatiles *limnées*, *planorbes*, *cyclostomes*, *succinées*, *pupa*, *hélices*, etc., d'espèces identiques avec celles qui vivent encore maintenant en Alsace; mais nulle part on ne voit de coquilles marines dans aucune des parties de l'attérissement diluvien. Ceci prouve que ce ne sont point les eaux de la mer qui ont déposé ce terrain, ainsi qu'il résulte de toutes les observations rapportées dans le mémoire déjà cité, et de celles d'un grand nombre de géologues qui ont écrit sur la même matière. Les sources qui sortent de ce terrain ont ordinairement leur origine dans les formations inférieures; c'est pourquoi elles sont très-nombreuses sur les granites, et beaucoup plus rares sur les eurites et les porphyres. Dans les vallées de Gérardmer, de la Bresse, de Ventron, etc., on a creusé des puits de 10 à 12 mètres de profondeur, toujours dans le terrain de transport, qui fournissent en abondance une très-bonne eau.

La terre végétale de la plus grande partie des Vosges est formée par les premières couches de ce terrain, dans lesquelles se trouvent mélangés les débris du règne animal et du règne végétal : la végétation y est très-active, surtout dans le fond des vallées.

Dans toute la région granitique où ces couches sont remplies de gros blocs, on est obligé de les extraire avant de pouvoir cultiver l'espace qu'ils occupent : on ne se fait pas d'idée combien cette extraction donne de travail; j'ai vu des portions de terrain qui n'avaient été mises en culture qu'après en avoir retiré assez de blocs et de cailloux pour en couvrir deux fois la surface. C'est dans les environs de Gérardmer que ce travail est exécuté avec le plus d'habileté et de persévérance; les blocs extraits sont rangés autour du champ, dont ils forment le mur de clôture. Comme ces murs sont très-nombreux, leur ensemble donne au pays un aspect triste.

Basaltes et dolérites.

Toutes les masses basaltiques des Vosges et du Schwarzwald ont fait éruption à la surface de la terre sur la fin de la période tertiaire, et dans les premiers temps de la période diluvienne, comme dans les autres contrées du globe. C'est à cette éruption que sont dues les dernières dislocations des montagnes et le soulèvement des couches de molasse et de calcaire d'eau douce, qui gisent sous l'attérissement diluvien, dans plusieurs parties de la plaine du Rhin, depuis Bâle jusqu'à Mayence.

De véritables basaltes prismatiques avec olivine et pyroxène, n'ont encore été reconnus que sur trois points des Vosges, à Grundershoffen, à Riquerviller et à la côte d'Essey. Dans ces trois localités, le basalte n'occupe qu'une très-petite étendue à la surface du sol, et on ne peut pas saisir les rapports avec le terrain secondaire qui l'environne. A la côte d'Essey, il occupe le sommet d'un plateau des marnes irisées, desquelles il paraît sortir, et il est presque entièrement recouvert par les alluvions. J'ai trouvé quelques fragmens basaltiques au milieu du lehm des environs de Lauterbourg.

Kaiserstuhl.

Il existe une excellente description de Kaiserstuhl, par le docteur Hisenlohr, publiée à Kalrsruhe en 1829, et à laquelle je renvoie les lecteurs qui voudraient avoir une idée complète de cette localité très-curieuse. Je ne prétends donner ici que les observations que j'ai pu faire pendant deux jours employés à étudier ces montagnes, exposer les résultats auxquels mes observations m'ont conduit, et faire voir la grande analogie qui existe entre les roches qui entrent dans leur composition et celles de la formation entritique, quoique celles-ci soient beaucoup plus anciennes.

Le géologue allemand a distingué dans la masse du Kaiserstuhl et les monticules environnans, six espèces de roches, savoir : *dolérite basaltique* (basaltischer dolerit), *dolérite phonolitique* (phonolitischer dolerit), *dolérite porphyritique*, (porphyrartischer dolerit), *dolérite trachytique*, (trachytischer dolerit), *trachyte*, et enfin des *conglomérats*; ces roches se trouvent parfaitement caractérisées dans les localités où il les a indiquées sur la carte jointe à son ouvrage, et je les ai toutes parfaitement retrouvées; mais en même temps j'ai reconnu qu'elles passent toutes les unes aux autres, et qu'elles ne sont autre chose que les différentes modifications d'une grande éruption de dolérite qui a produit la masse du Kaiserstuhl. La dolérite basaltique, qu'on pourrait nommer dolérite compacte, est la roche la plus inférieure, comme les eurites compacts dans les Vosges; le phonolite ne diffère de celle-ci que parce que le feldspath domine sur le pyroxène. Cette variété ne se montre au jour que sur une petite étendue dans le Kleinthal près d'Ihringen, et dans les environs de Balingen. L'une et l'autre passent insensiblement à la dolérite porphyrique, c'est-à-dire qui renferme des cristaux de pyroxène, en plus ou moins grande quantité. C'est cette dernière espèce qui forme la masse principale de toutes les montagnes, et les autres pourraient être considérées comme lui étant simplement subordonnées. La dolorite trachytique n'est que la dolérite porphyrique dans laquelle le feldspath domine beaucoup sur le pyroxène; mais les cristaux de ce dernier y sont toujours abondans, bien que le pyroxène paraisse quelquefois avoir entièrement disparu de la masse qui les renferme. Cette espèce a une couleur rougeâtre; elle est très-rude au toucher, on y remarque quelques cristaux de feldspath vitreux; enfin, elle présente tous les caractères du véritable trachyte. Le trachyte, proprement dit, qui couvre le sommet de Mohalde, au nord d'Oberbergen, est une roche blanchâtre ou grisâtre composée de feldspath grenu, renfermant de grands cristaux de feldspath vitreux, et quelques cristaux de pyroxène identiques avec ceux du trachyte doléritique, et de la dolérite porphyrique; certaines parties en contiennent même beaucoup, et passent ainsi à la dolérite trachytique.

La surface supérieure de toutes les roches dont nous venons de parler, est souvent scoriacée sur deux à trois mètres d'épaisseur : les cavités sont plus grandes que celles des eurites et des porphyres, et ordinairement remplies de carbonate calcaire très-blanc, ce qui produit les belles amygdaloïdes (*Spilites Brongn.*) du Kaiserstuhl, si communes dans les collections, et que l'on trouve en abondance dans les escarpemens du monticule sur lequel Alt-Breisach est bâti. Les conglomérats sont composés de fragmens de toutes les roches doléritiques agglutinés par un ciment calcaire. Ces conglomérats gisent sur les pentes des dernières ramifications qui viennent mourir dans la plaine, ils sont très-communs au pied oriental du Kaiserstuhl, depuis Ihringen jusqu'à Sasbach. La carrière de Wendlibuck, près de Kirchlingbergen (fig. 12), sur un espace de 30 mètres de longueur, offre toutes les variétés de roches que nous avons citées, à l'exception du phonolite, réunies et passant les unes aux autres; les variétés compactes occupent la partie inférieure.

D'après les faits que je viens d'exposer, il me paraît évident que la masse volcanique du Kaiserstuhl est le résultat d'une éruption doléritique dont les différentes portions se sont refroidies sous des influences différentes. Il existe une grande analogie entre ces roches et celles de la formation entritique : des roches compactes, des roches porphyriques, des parties scoriacées, intimement liées, et passant les unes aux autres; enfin, accompagnées de conglomérats provenant de leurs débris réagglutinés, comme nous avons vu que cela avait lieu pour les eurites, les porphyres et les diorites. De plus, il existe dans les masses doléritiques des fissures nombreuses, tellement disposées quelquefois, qu'on croirait les roches stratifiées; mais en les examinant attentivement, on voit qu'elles ne se continuent pas, et quelles sont bientôt coupées par d'autres qui déterminent une division dans un autre sens; enfin, les vallées commencent généralement par un cirque, et les montagnes ont des formes coniques très-prononcées.

Toutes ces montagnes se rattachent à deux centres principaux de soulèvement : le Kaiserstuhl proprement dit, qui s'élève à 558 mètres au-dessus du niveau de la mer, et le sommet de Santa-Catharina, qui n'atteint que 508 mètres au-dessus du même niveau. Les productions de ces deux centres sont séparées les unes des autres par la grande vallée qui s'étend depuis Rotwill jusqu'à Schohlingen; au-dessus de ce dernier village, se trouve un col d'où part la vallée de Bahlingen, qui forme la séparation sur le versant oriental. Autour de ces deux centres principaux, il existe plusieurs autres centres d'ordres inférieurs, qui ont chacun leurs massifs particuliers, se rattachant toujours plus ou moins directement au massif principal. Il y a aussi des massifs qui ne se lient point du tout à aucune des deux grandes masses : tels sont ceux d'Alt-Breisach, de Burgheim et de Sasbach.

Nulle part il n'existe de trace de cratère dans le Kaiserstuhl; le cirque de Schohlingen, que quelques observateurs avaient regardé comme tel, est un cirque de soulèvement, analogue à ceux des Vosges, et duquel il n'est jamais sorti aucun courant de matière fondue; toutes les productions doléritiques viennent y aboutir en convergeant à peu près vers le centre, et s'abaissent à mesure qu'elles en approchent; tandis que cela devrait être tout le contraire si elles appartenaient à des coulées qui en seraient parties. En outre, ce qui ôte toute idée que ce cirque ait jamais été un cratère, c'est qu'il est intérieurement tapissé par une masse de calcaire lamellaire, souvent micacé, et coupée dans tous les sens par de nombreux filons de dolérite. Ce calcaire ne présente aucune structure déterminée, il est coupé par des fissures qui le divisent en masses fort irrégulières; il gît sur les flancs des montagnes doléritiques, absolument comme les lambeaux de granite sur ceux des montagnes euritiques; enfin, tout annonce qu'il a été soulevé et brisé par les dolérites, lors de leur éruption. Au sud de Nimburg et de Gattenheim, il existe deux lambeaux de calcaire du Jura très-élevés, et dont les couches sont relevées vers le Kaiserstuhl. Ces lambeaux pourraient bien être les restes de la croûte calcaire que les dolérites ont brisée en la soulevant. Le calcaire micacé de la vallée de Rothwill n'est peut-être lui-même qu'une modification de celui du Jura; mais alors comment expliquer l'introduction du mica dans son intérieur? C'est une question que le peu de temps que j'ai passé sur les lieux ne m'a pas permis de résoudre.

L'absence de toute trace de cratère d'éruption dans le massif du Kaiserstuhl, et la grande ressemblance que présentent ses montagnes avec celles des eurites et des porphyres, me portent à avancer que les dolérites de cette contrée n'ont point coulé à la manière des laves; mais qu'elles ont été élevées à l'état liquide ou pâteux, en formant les massifs qu'elles constituent encore aujourd'hui, dont la hauteur et l'étendue des différentes parties ont varié avec l'intensité de la force soulevante. Nous reviendrons encore sur ce sujet dans la seconde partie.

Le lehm, qui forme le second étage du terrain diluvien dans toute la plaine du Rhin, recouvre tous les flancs du Kaiserstuhl, jusqu'à une hauteur qui varie entre 400 et 450 mètres au-dessus du niveau de la mer. Ce lehm renfermant une grande quantité de fragmens de toutes les grosseurs des différentes variétés de dolérites, s'est certainement déposé sur elles après leur consolidation; ainsi, cette hauteur de 450 mètres au-dessus de la mer actuelle, est une limite inférieure à celle qu'ont dû atteindre les eaux diluviennes dans la vallée du Rhin. On peut donc assurer que les eaux qui ont déposé le grand attérissement diluvien, s'élevaient au moins, entre les deux chaînes des Vosges et du Schwarzwald, à 450 mètres plus haut que la mer actuelle.

Le lehm est le dernier dépôt des eaux diluviennes; il contient sur les flancs du Kaiserstuhl et dans les environs une grande quantité de fragmens doléritiques de toutes les grosseurs. Je n'ai jamais remarqué aucun de ces fragmens dans les sables avec cailloux roulés, qui lui sont inférieurs,

C'est là ce qui me fait croire que les éruptions doléritiques sont contemporaines du diluvium, et dire, comme j'ai essayé de le prouver dans le mémoire déjà cité, que ce sont les grandes masses d'eau sorties avec elles du sein de la terre, au pied et dans l'intérieur des chaînes de montagnes, qui ont entraîné sur les flancs et dans le fond des vallées, les débris des roches, avec les végétaux et les animaux qui vivaient alors sur la surface de la terre, et formé ainsi l'immense dépôt de transport dans lequel nous découvrons aujourd'hui tant de restes de cette ancienne population.

Sur toute la surface du Kaiserstuhl, la végétation est magnifique; il y a surtout beaucoup de vignes. Les villages sont construits en grande partie avec les dolérites de toutes les espèces, et c'est pourquoi on a ouvert une grande quantité de carrières dans les montagnes, qui donnent la facilité de pouvoir en étudier la constitution géognostique. Sans cela, cette étude serait fort difficile; car le lehm recouvre tous les flancs jusqu'à une grande hauteur, et même plusieurs sommets.

Le lehm, les argiles et les marnes argileuses du terrain diluvien servent à faire des briques et de la poterie; les sables, presque toujours très-purs, sont employés pour les mortiers. Après avoir extrait les blocs que renferment les sables dans l'intérieur des montagnes, les habitans les débitent à la poudre et se servent des éclats dans toutes leurs constructions; les cailloux sont aussi extraits pour réparer les routes.

§ XI.

FORMATION DE L'ÉPOQUE ACTUELLE.

Les rivières et les ruisseaux des Vosges charient peu de sables, de marnes et de cailloux, qu'ils vont déposer sur les plages et dans les lieux bas, où la vitesse de leur cours se ralentit beaucoup. Les eaux sauvages qui roulent, après les pluies et pendant la fonte des neiges, sur les flancs des montagnes, ne forment non plus que très-peu d'attérissemens. Les sources minérales de Bussang déposent un peu de carbonate calcaire, mélangé d'une assez grande quantité de fer. Les eaux thermales de Plombières et de Bains ne donnent aucun produit. Quoique toutes ces sources soient parfaitement connues, je crois cependant utile de rapporter ici les les observations que j'ai faites sur celles de Bussang et de Plombières.

A Bussang, il existe trois sources minérales dont l'eau renferme une assez grande quantité d'acide carbonique, combiné avec un peu de soude et de fer. Ces sources sortent des trapps, comme nous l'avons dit § 1; la quantité d'eau qu'elles fournissent est sensiblement la même dans toutes les saisons : les pluies et la sécheresse ne l'augmentent ni la diminuent. Seulement, quand l'atmosphère est très-humide, sa pression diminuant, une partie de l'acide carbonique se dégage et la saveur de l'eau minérale s'affaiblit alors très-sensiblement. J'ai pris la température de ces sources au mois de septembre 1832, et je l'ai trouvée de 10° 75 centigrades. Le 11 mai 1833 je la mesurai encore, et elle était exactement la même : cependant, lors de la première observation, le temps était très-couvert et le thermomètre à l'air libre marquait 11° 75, tandis que lors de la seconde il faisait un temps magnifique, et la température de l'air était de 18° 75. Ainsi, la température de ces sources ne varie pas plus que leur volume, et elle diffère peu de la température moyenne, qui est comprise entre 10 et 11 degrés, comme je m'en suis assuré en prenant celle d'un grand nombre de sources d'eau douce.

Les eaux minérales de Bussang sont très-employées en médecine; elles jouissent des mêmes propriétés que toutes les eaux chargées d'acide carbonique. Les malades ne viennent point les prendre sur les lieux, on les expédie dans toutes les parties de la France, et même à l'étranger : cette expédition dépasse 40,000 litres par an. Les bouteilles étant aussi bien bouchées qu'elles le sont, cette eau conserve certainement toutes ses propriétés, quelle que soit la distance qu'elle ait à parcourir; mais si les personnes qui en font usage venaient les prendre sur les lieux pendant l'été, la beauté du site, l'air pur qu'on y respire, contribueraient autant à leur guérison que l'eau elle-même.

Les eaux thermales de Plombières sortent du granite dans le fond de la vallée où cette jolie ville est bâtie. J'ai pris la température de ces eaux en six endroits différens, et j'ai trouvé : 55° dans le bain des Dames, 49° à la fontaine du Crucifix, 64° dans le bain de Romains, 40° dans le bain royal, et 40° dans le bain tempéré.

Ces différences annoncent que ces sources viennent chacune par un canal particulier, où elles sont soumises à certaines influences qui en diminuent la température. On m'a assuré que le volume d'eau ne variait jamais, non plus que le degré de chaleur.

Les eaux de Plombières sont très-célèbres par les cures merveilleuses qu'on leur attribue; la ville a été construite exprès pour les baigneurs; ses environs sont charmans, ce qui fait que tous les étés un grand nombre de malades, de curieux et d'oisifs vont s'y fixer pour quelques mois.

Les sources de Bains et de Luxeuil jouissent à peu près des mêmes propriétés que celles de Plombières; je ne les ai pas visitées.

Eboulemens.

Dans la région granitique presque partout les talus sont formés, la végétation s'en est emparée, et les montagnes ne se détruisent plus, ou très-peu. Mais sur le sol occupé par les eurites et les porphyres, on voit des cônes d'éboulement, composés de débris des roches supérieures, au pied de tous les escarpemens, et dont la formation n'est point encore achevée. Ces cônes sont surtout très-remarquables au nord de la route, entre le col de Bussang et Urbay; il en existe aussi plusieurs dans les environs de Wesserling et de Saint-Amarin.

Tourbes.

La formation de l'époque actuelle la plus digne d'attirer l'attention des observateurs, est celle des tourbes. Il existe dans les Vosges deux espèces de tourbe :

1°. Dans les endroits marécageux et surtout autour des étangs qui sont très-nombreux, au pied méridional de la chaîne et sur le versant sud-ouest de ce grand rameau qui s'étend depuis le ballon de Servance jusqu'à Remiremont, il existe des couches de tourbe provenant de la décomposition dans l'eau stagnante, des végétaux qui y croissent. Quelques-unes de ces couches sont très-épaisses et donnent un assez bon combustible.

2°. Sur les flancs et les sommets des montagnes, dans des localités qui ne sont point du tout marécageuses, et qui n'ont jamais pu l'être à cause de leur grande inclinaison, comme le sommet du Brezouars, etc., on rencontre aussi des couches de tourbe fort étendues; souvent elles recouvrent les sommets en manteau, et descendent à une grande distance sur les flancs des montagnes (le Feny au-dessus de Gérardmer, les sommets de Thanet, le Brezouars, etc.) Ces tourbes renferment partout une grande quantité de branches, de racines et de troncs entiers de sapins, de même espèce de ceux qui vivent encore dans le voisinage, et qui ont à peine éprouvé un commencement de carbonisation. Je n'y ai jamais trouvé d'ossemens, non plus que dans celle des marais.

La formation de cette tourbe se continue encore : tout à fait à la surface, on trouve sous *les mousses, les lichens et les graminées* qui croissent sur le sol, une couche de ces mêmes végétaux morts, mais point encore décomposés; au-dessous, la décomposition est en pleine activité; un peu plus bas, elle est très-avancée; enfin, on arrive ainsi par degrés insensibles à la la tourbe la plus compacte, celle que l'on exploite pour brûler. D'après cela, il est évident que la production de cette tourbe est due à la destruction annuelle de la végétation herbacée de la surface du sol. Cette destruction me semble produite par les variations de température, et surtout par les neiges qui couvrent les surfaces des Vosges pendant l'hiver; il est à remarquer que c'est principalement sur les granites et les siénites que l'on rencontre les tourbes de la seconde espèce. Ces tourbes sont exploitées pour brûler, sur les sommets de Thanet, dans la commune de Champdray, au Fény, etc.; leur épaisseur atteint jusqu'à trois mètres.

Dans presque toutes les grandes vallées des Vosges (celles de la Moselle, du ruisseau de Cleury, de la Vologne, etc.), on exploite des couches de tourbe de un à deux mètres d'épaisseur, qui reposent immédiatement sur l'attérissement diluvien. Ces tourbes se sont formées et se forment encore dans les pâturages et les prés marécageux qui occupent le fond de ces vallées; elles fournissent un assez bon combustible.

Lacs.

J'ai déjà parlé des lacs qui gisent dans le fond de certains cirques, formant le commencement des vallées dans les régions granitiques et euritiques; comme on ne trouve point de bateaux sur ces sortes de lacs, je n'ai pu mesurer ni leur profondeur ni leur température; mais il en existe deux beaucoup plus grands que ceux-ci, ceux de Gérardmer et de Longemer, qui gisent non dans le fond d'entonnoirs, mais chacun au milieu d'une vallée, et sur lesquels se trouvent des bateaux, ce qui m'a permis de sonder leur profondeur et d'y descendre un thermomètre plusieurs fois. Le premier, situé à 666 mètres au-dessus du niveau de la mer, a 35 mètres de profondeur; celle du second, élevé de 746 mètres au-dessus du même niveau, n'est que de 30 mètres. Depuis le mois d'avril jusqu'au mois de novembre 1832, j'ai pris plusieurs fois, avec toutes les précautions nécessaires, la température de ces deux lacs, et je l'ai constamment trouvée de 5° 75 centigrades dans les deux;

cependant ils ne communiquent point entre eux, et leurs profondeurs diffèrent sensiblement.

Glacière naturelle.

Il existe sur la route de Granges, dans la vallée de la Vologne, à une lieue de Gérardmer, une glacière naturelle qui conserve toujours de la glace jusqu'au mois de juillet, et quelquefois même pendant toute l'année. Ce n'est cependant qu'une cavité de deux mètres de profondeur dans un éboulement de blocs de granite, élevé seulement de 600 mètres au-dessus du niveau de la mer, et directement exposé aux rayons du soleil pendant la moitié du jour. Les blocs granitiques au milieu desquels se trouve cette cavité, en forment les parois, le sol et la voûte. Elle a 3 mètres de large sur 1 mètre 50 de haut, et on y entre par une ouverture assez étroite. Sa basse température est due à des courans d'air froid qui viennent de la masse éboulée, et se répandent dans son intérieur; ce dont je me suis assuré, en suspendant de petites plumes à plusieurs ouvertures qui se trouvent dans le fond et sur les parois latérales, en même temps que j'y plaçais mon thermomètre; les plumes étaient constamment repoussées, et le thermomètre baissait jusqu'à 0°. Ces courans peuvent être le résultat de l'évaporation de l'eau au milieu des blocs éboulés, dont la surface est échauffée par les rayons du soleil.

En 1832, je mesurai plusieurs fois la température de cette glacière, et voici les résultats auxquels je suis parvenu : le 8 juillet, à 3 heures du soir, en dehors, le thermomètre exposé à l'air libre, donnait 20° 75; suspendu pendant une demi-heure dans la caverne, il baissa jusqu'à 1° 75, couché sur le sol, il marquait 1° 25, et dans la glace 0°; le 24 septembre, la glace avait entièrement disparu : en dehors le thermomètre marquait 16° 75, et dans la caverne, sur le sol, 3° 75; ainsi il y avait une différence de 13° pour deux mètres seulement de profondeur.

Le 25 octobre, après dix jours de gelée, je retournai à la

Caverne, il n'y avait pas encore un atome de glace dedans; à l'air libre, le thermomètre ne monta qu'à 2° 75, et sur le sol de la glacière, il descendit à 0°. Tous ces faits prouvent évidemment que l'existence de la glace qui reste dans cette cavité et dans plusieurs autres plus petites qui sont aux environs, et d'où elle disparaît plutôt, parce qu'elles sont moins profondes, et que les rayons du soleil y pénètrent, est le résultat et non la cause de l'abaissement de température. Il paraît qu'il existe encore une glacière du même genre dans les environs de Remiremont, mais je ne l'ai point visitée.

DEUXIÈME PARTIE.

RÉSUMÉ ET CONCLUSIONS.

Avant de tirer les conclusions qui découlent naturellement de l'ensemble de tous les faits exposés dans le cours de cet ouvrage, il est nécessaire de les résumer en peu de mots, afin que l'on puisse mieux comprendre les grands résultats auxquels leur enchaînement nous a conduit :

1°. La partie de la chaîne des Vosges que nous avons étudiée pendant les années 1832 et 1833, est formée par des roches cristallines, sur lesquelles on voit çà et là des lambeaux de terrains de sédiment (phyllades, formation houillère et grès rouge). Au nord de cette région, le grés rouge prend un développement considérable, et constitue ensuite à lui seul la presque totalité de la chaîne jusque dans la Bavière rhénane.

2°. Le trapp, roche la plus profonde à laquelle nous ayons pu parvenir, se montre sur une épaisseur de 20 à 30 mètres au pied des hautes montagnes, dans le fond des vallées ; cette roche s'enfonce au-dessous de toutes les autres masses, et je n'ai jamais pu découvrir sa limite inférieure. Dans le haut, elle alterne avec des eurites compactes auxquels insensiblement, on la voit même passer (1).

La formation trappéenne est le gisement des eaux minérales et thermales.

3°. Les eurites compactes, accompagnés de diorites compactes aussi, se développent au-dessus des trapps, qui poussent encore des rameaux très-étendus dans la masse euritique.

Ces eurites compactes passent aux eurites porphyrhoïdes colorées par l'amphibole, l'épidote, le fer, etc., dans la région granitique, les eurites porphyroïdes passent à des porphyres mal caractérisés, et à des eurites granitoïdes. Dans la région siénitique, ils deviennent de très-beaux porphyres, à pâte compacte et à cristaux de feldspath bien déterminés, les porphyres passent à des eurites siénitiques qui, par degrés insensibles, passent eux-mêmes à la siénite. Les cristaux des eurites granitoïdes deviennent de plus en plus distincts, à mesure que l'on s'élève, et la roche finit par être un granite bien caractérisé.

Les diorites, qui accompagnent toujours les eurites, et qui sont plus ou moins abondans, suivant les localités, suivent les mêmes degrés de granulation qu'eux, et donnent aussi naissance à des roches granitiques.

Les eurites compactes et les porphyres renferment des débris de végétaux; ils sont accompagnés de conglomérats et de grès pétro siliceux, dans lesquels on trouve les mêmes empreintes végétales; c'est dans la formation euritique que se trouvent toutes les richesses minérales des Vosges.

4°. Toute la masse granitique (granite de toutes les espèces, siénite et protogine), ne constitue qu'une seule formation, supérieure et intimement liée par passages insensibles à celle des eurites, porphyres et diorites, qui poussent des filons et de grands rameaux qui coupent, dans tous les sens, les granites, les siénites et la protogine.

5°. Dans les parties supérieures et septentrionales de la formation granitique, la grosseur des cristaux de feld spath diminue, le quarz devient sableux, le mica disparaît, et la roche passe au leptinite. Celui-ci ne prend pas un développement bien grand, car il passe bientôt lui-même au gneiss.

C'est du milieu de cette roche que sont sortis tous les ophiolites des Vosges, qu'on ne voit jamais recouverts que par les alluvions.

6°. Le leptinite passe au gneiss en prenant du mica et perdant son quarz. Le gneiss prend un grand développement, il renferme des filons de toutes les roches qui lui sont inférieures, même du leptinite, et des amas de calcaire cipolin.

7°. Sur quelques points, le gneiss passe insensiblement au micaschiste; mais cette roche ne prend jamais un développement un peu considérable; elle passe au schiste-talqueux, qui passe lui-même au phyllade.

8°. Le phyllade se montre par lambeaux sur quelques points au pied des montagnes euritiques; les eurites et les porphyres, même des roches granitoïdes, y pénètrent encore en filons et en grosses masses tranversales.

8° Le terrain houiller, reposant tantôt sur le phyllade, tantôt sur les roches inférieures, ne se rencontre non plus que par lambeaux, au milieu desquels on voit encore pénétrer les roches pétro siliceuses et granitoïdes.

9°. Le grès rouge (rothe-todte-liegende), repose transgressivement sur les conglomérats et les schistes houillers; dans ses parties supérieures, il passe insensiblement au grès vosgien, et des dolomies se trouvent fréquemment à la séparation entre les deux roches. A partir du Donon, le grès vosgien constitue presque à lui seul toute la portion septentrionale des Vosges. Il renferme une grande quantité de cailloux de quarz, qui paraissent provenir des quarz formant des veines et des filons dans les schistes. Le grès bigarré succède au grès vosgien, le muschelkalk au grès bigarré, etc.

10°. Une grande alluvion couvre les flancs des montagnes jusqu'à une certaine hauteur, le fond des vallées, et s'étend à une grande distance dans les plaines qui sont au pied de la chaîne. Les matériaux qui composent cette alluvion ont été arrachés des montagnes, et se trouvent généralement dans le voisinage des roches desquelles ils proviennent.

Les basaltes qui se montrent sur trois points seulement des Vosges, et les dolérites du Kaiserstuhl, sont contemporains du grand attérissement diluvien. Les roches du Kaiserstuhl présentent les plus grandes analogies avec les eurites et les porphyres, quoiqu'étant d'une formation beaucoup plus nouvelle.

11°. Parmi les produits de l'époque actuelle, le plus remarquable est la tourbe qui se forme sur les pentes et le sommet des montagnes, et qui résulte de la destruction annuelle de la couche de végétation, par l'intensité du froid et l'influence de la neige et des pluies.

Une grande partie des faits que je viens de résumer rapidement était déjà connue. M. de Humboldt (1) a signalé depuis long-temps, dans les roches cristallines de l'Amérique, quelques-uns des passages que j'ai étudiés avec tant de soin dans les Vosges; ceux-ci avaient été aperçus par M. Voltz, qui en parle souvent dans sa géognosie de l'Alsace. M. Boué les avait remarqués aussi dans les masses porphyriques de l'Ecosse. Enfin M. Dufrenoy, en décrivant les roches cristallines du plateau central de la France (1), a parfaitement établi le passage insensible des porphyres au granite; mais aucun observateur n'avait encore aperçu les relations qui existent entre ces différentes roches, et le rôle qu'elles jouent dans la composition de la croûte oxidée du globe était entièrement ignoré. Il suffit de jeter un coup-d'œil sur les écrits de tous les géologues qui ont essayé de classer les roches cristallines, pour reconnaître dans quelle confusion cette partie de la géognosie est restée jusqu'à ce jour. *Les eurites, les porphyres, les diorites* et *les trapps*, étaient regardés comme des masses anormales poussées à travers les autres par des agens inté-

(1) Essai géognostique sur le gisement des roches.

(1) Mémoire pour servir à la description géologique de la France, tom. I.

rieurs, et personne n'avait eu l'idée qu'ils pussent constituer des groupes particuliers, des formations indépendantes.

Nos observations lèvent tous les doutes à cet égard pour le massif des Vosges, où la constance des caractères géognostiques, l'étendue, en longueur, largeur et profondeur, des groupes que nous avons établis, prouvent que ce sont réellement des formations indépendantes.

Ces formations sont superposées les unes aux autres, comme celles composées de couches régulères; mais les surfaces de séparation entre chacune sont extrêmement compliquées, et toujours la roche inférieure pousse des ramifications dans celle qui lui est immédiatement supérieure, et même dans toutes celles qui se trouvent au-dessus, jusqu'à une certaine distance.

Le gneiss est la seule roche cristalline que je n'aie jamais vue en filon dans les autres; mais celles-ci s'y présentent toutes de cette manière. Le gneiss est donc la roche la plus anciennement consolidée dans les Vosges, et après sa consolidation, d'autres dépôts se sont formés simultanément au-dessus et au-dessous. Tous les faits que nous avons rapportés démontrent que les dépôts inférieurs sont d'autant plus nouveaux qu'ils occupent un niveau plus profond (1). Depuis long-temps on avait reconnu que les dépôts supérieurs se sont succédés dans un ordre inverse.

Les phénomènes que présentent les roches cristallines inférieures au gneiss, sont tout à fait les mêmes que ceux qui se passent dans une masse fondue, se refroidissant au contact de l'air; en outre les eurites, les porphyres et les diorites portant des traces évidentes de l'action du feu, et ayant beaucoup d'analogie avec les roches volcaniques du Kaiserstuhl, et de plusieurs autres contrées, on peut en conclure que la terre était à l'état de fluidité ignée, lorsque le gneiss

(1) Ce résultat avait été prévu par M. Cordier, dans son Mémoire sur la température intérieure de la terre; mais cette prévision n'avait point encore été vérifiée par des observations directes.

s'est déposé, et que les autres masses gisant au-dessous, sont le résultat du refroidissement successif de notre planète, refroidissement qui se continue encore maintenant. Le leptinite a succédé au gneiss, le granite au leptinite, les eurites granitoïdes au granite, et ensuite des roches dont la compacité allait toujours en augmentant à mesure qu'elles occupaient un niveau plus inférieur; résultat parfaitement d'accord avec les lois de la physique : les molécules des masses minérales fondues se rapprochaient d'autant plus, que la pression qu'elles avaient à supporter devenait plus grande.

Comme le gneiss est une roche schistoïde et stratifiée, il est probable que l'eau, qui a pu se précipiter de l'atmosphère où elle se trouvait alors en vapeurs, est venue se mêler à la dissolution pendant le dépôt de cette roche.

Le leptinite qui s'est consolidé après et au-dessous, commençait à être hors de l'influence de l'eau, et la force de cristallisation, la *force granitifiante*, agissait déjà avec une certaine intensité. Son intensité allant en augmentant, les cristaux sont devenus de plus en plus distincts, et lorsqu'elle a eu atteint son maximum, se sont formés les granites et les siénites à beaux cristaux ; mais après, la masse consolidée ayant acquis une grande épaisseur (1200 à 1300 mètres au moins) a influé par son poids sur la partie liquide, dont les molécules se sont rapprochées de plus en plus, et les masses consolidées sont devenues de plus en plus compactes. L'ascension des parties liquides dans les crevasses des masses solides était déterminée par le poids de celles-ci, et par la pression des fluides élastiques, qui devaient se produire à chaque instant dans la masse en fusion. En outre, comme les eaux étaient déjà répandues en assez grande quantité sur la surface du globe, en passant par les fissures, elles pouvaient être amenées sur cette même masse, et déterminer des éruptions violentes sur certains points.

La cause générale du soulèvement de la croûte solide du globe, ne doit être ni le dégagement des fluides élastiques, ni l'intervention des eaux, mais probablement l'oxidation des substances minérales qui la composent (1). Si l'on admet que dans l'origine ces matières étaient à l'état métallique, il est clair qu'en se combinant avec l'oxigène, elles ont considérablement augmenté de volume, et que cette augmentation a dû être la cause d'un soulèvement graduel et continu, qui dure encore, comme plusieurs observations tendent à le prouver. Cette action soulevante, s'exerçant sur une surface déjà solidifiée, aurait dû la porter partout à la même hauteur, si son intensité eût été la même partout, si le dégagement des fluides élastiques qui se produisaient, n'était pas venu à chaque instant y occasioner des perturbations, enfin si la croûte soulevée eût été homogène dans toutes ses parties; mais toutes ces conditions ne pouvant pas être remplies, il en résulte que les soulèvemens ont été plus considérables dans des contrées que dans d'autres, et que même il a dû y avoir des mouvemens violens. C'est ainsi qu'ont probablement été formées les montagnes de soulèvement et tous les accidens qu'elles présentent.

Des dépôts neptuniens s'étant formés au-dessus du gneiss, dans le même temps que ceux dont nous venons de parler, se consolidaient au-dessous; il doit exister certaines relations entre ces deux espèces de formations. On peut admettre que celles qui occupent des places analogues sont contemporaines : ainsi j'avance que le lepnite est contemporain du mica-schiste; le granite des phyllades et des calcaires qui alternent souvent avec eux; les eurites granitoïdes de la grande formation calcaire supérieure au terrain schisteux; les porphyres du terrain houiller, enfin les eurites, les diorites compactes et les trapps se sont consolidés et ont fait éruption, en traversant tous les groupes supérieurs, entre la formation du terrain houiller et celle du grès rouge.

Si l'on admet les conclusions précédentes, il est évident qu'on doit aussi admettre l'existence de deux séries géognos-

(1) Cette idée m'a été donnée par M. Savart, membre de l'Institut.

8

tiques au lieu d'une. Ces deux séries commencent au gneiss.

Les termes de la série supérieure, qu'on pourrait appeler *série des groupes de sédiment*, se succèdent de bas en haut, en convergeant vers l'époque actuelle. Ceux de la série inférieure, que l'on pourrait appeler *série des groupes cristallins*, au contraire, se succèdent de haut en bas, en convergeant vers la même limite. Le premier terme de celle-ci est le leptinite, et le dernier les laves qui sortent par les cratères encore en activité.

On voit, d'après cela, comment il se peut faire que les dépôts de sédiment, qui bien certainement se sont formés dans le sein des eaux, soient coupés par des roches cristallines d'origine ignée. C'est la venue de ces roches au milieu de celles de sédiment qui en a souvent tellement changé la nature, qu'on est fort embarrassé pour prononcer sur leur origine. C'est à l'influence des eurites et des porphyres, qui les pénètrent en filons et en grosses masses transversales, que j'attribue la demi-cristallisation de tous les schistes, des calcaires et des grès compris entre le gneiss et la formation houillère; ces roches étaient vraisemblablement des dépôts de sédiment non cristallisés, avant que les masses plutonniennes s'y introduisissent.

Le changement des calcaires qui accompagnent les schistes, en dolomie, me paraît dû, comme du reste le célèbre de Buch l'a prouvé depuis long-temps, à l'introduction au milieu de ces roches de vapeurs magnésiennes produites dans l'éruption des masses pétrosiliceuses. Mais je ne puis pas admettre dans les Vosges, avec ce géognoste, des porphyres de différentes époques; puisque les porphyres de toutes les espèces, *rouges*, *noirs*, *bruns* et *verts*, passent les uns aux autres, se trouvent mélangés sur un grand nombre de points, et occupent tous le même niveau géologique, entre les roches granitoïdes et les roches compactes; ce sont évidemment ces roches (eurites, porphyres, diorites et trapps) qui ont soulevé toutes les autres, depuis le granite jusqu'à la formation houillère.

Le premier relief des Vosges est le résultat de l'action du leptinite et du granite sur le gneiss.

Le second soulèvement, le plus considérable, celui qui a élevé les montagnes à la hauteur où nous les voyons aujourd'hui, qui a produit le massif des Vosges avant le dépôt du grès rouge, est dû à l'éruption de toutes les masses amphiboliques et pétro siliceuses, inférieures aux roches granitiques. Celui-ci s'est opéré entre la fin de la formation houillère et le commencement de celle du grès rouge.

Dans ce mouvement, les croûtes granitique et gneissique ont été brisées, le terrain schisteux a été presque entièrement détruit, le terrain houiller morcelé et le sommet des principales montagnes porté au-dessus des eaux, à 1200 et 1430 mètres plus haut que le niveau de la mer actuelle.

A ce grand bouleversement, le calme a succédé, et les débris des roches suspendues dans la masse liquide qui couvrait les montagnes jusqu'aux trois quarts de la hauteur au moins, puisque des couches horizontales de grès rouge se trouvent encore maintenant sur des sommets à plus de 1000 au-dessus de la mer, se sont déposés sur les flancs, et ont aussi produit, sur une surface inclinée plus ou moins continue, le grand dépôt arénacé que nous avons appelé formation du grès rouge.

Les eaux qui ont déposé ce grès étaient certainement acides, puisqu'elles ont décomposé les roches feldspathiques, dont elles se sont servies pour fonder l'édifice qu'elles élevaient. Sur ces fondations, le rothe-todte-liegende, sont venues se placer, après une grande diminution dans le mouvement, les couches de grès vosgien avec cailloux quarzeux; ces cailloux provenaient du quarz des phyllades détruits, et la silice du grès pourrait bien avoir une origine semblable.

Pendant le dépôt du grès vosgien, le mouvement de la masse liquide paraît avoir été encore assez considérable pour détruire les corps organisés végétaux et animaux presque en totalité; mais ensuite un repos assez parfait a succédé au trouble, et les sables fins ainsi que les matières argileuses, provenant très-vraisemblablement de la destruction des phyllades, tenus en suspension dans les parties supérieures du liquide, ont alors pu se déposer. Les petites branches des arbres et les fougères qui surnageaient dans cette partie, ont été englobées dans les sédimens, avec les mollusques qui y vivaient, et voilà pourquoi le psammite (gris bigarré) contient une grande quantité de restes organiques végétaux et animaux, tandis que le grès vosgien en est à peu près dépourvu.

Les couches du grès rouge (rothe-todte-liegende) sont légèrement inclinées, et cette inclinaison peut être attribuée aussi bien à l'inclinaison de la surface sur laquelle elles se sont déposées, qu'à un léger soulèvement ; mais celles du grès vosgien qui les recouvre sont parfaitement horizontales, à quelques petites exceptions près, et cette horizontalité se remarque dans les plus hautes montagnes, même dans ces cônes isolés dont nous avons parlé (§ 9) et dont la forme est semblable à celle d'un pain de sucre. Ainsi le grès vosgien n'a point été sensiblement soulevé ; mais le grès bigarré et le muschelkalk, qui lui sont supérieurs, l'ont été, et surtout le muschelkalk, qui se trouve souvent en couches fortement inclinées vers le sud-est, au pied du versant oriental des Vosges.

Ce troisième soulèvement pourrait bien avoir été produit par l'éruption des ophiolites; ainsi ces roches qui gisent dans le leptinite, sans être jamais recouvertes que par les alluvions, seraient venues à la surface de la terre, postérieurement au dépôt du muschelkalk. Elles ont pu soulever et briser les couches du grès bigarré, du muschelkalk, etc., sans déranger celles du grès vosgien, parce que la masse de celui-ci étant très-considérable, résistait par son propre poids au mouvement que les ophiolites tendaient à lui imprimer, tandis que les deux autres étant beaucoup moins puissantes et se trouvant déposées à ses extrémités du côté des plaines, n'ont pu résister à la même impulsion. Pour confirmer cette hypothèse, il faudrait avoir reconnu les ophiolites dessous le grès bigarré et le muschelkalk, c'est à quoi je n'ai pu parvenir dans aucun endroit.

Les calcaires les plus modernes de l'époque tertiaire, que

l'on trouve au pied des deux chaînes des Vosges et du Schwarzwald, sont aussi relevés, et quelquefois même d'une quantité assez considérable. Des masses ignées (basaltes et dolérites) dont la formation paraît être contemporaine du grand attérissement diluvien, gisent sur les flancs de ces deux chaînes : il est donc naturel d'attribuer aux commotions qu'a dû produire leur éruption, le soulèvement du terrain tertiaire.

Cette éruption qui s'est faite au pied des chaînes a dû occasioner peu de bouleversemens dans leur intérieur, parce que les masses déjà soulevées étaient beaucoup trop considérables; mais les calcaires tertiaires et même les calcaires secondaires n'ayant qu'une très-petite épaisseur, comparativement à celle du grès rouge, du gneiss, du granite, etc., ont été soulevés, et leurs couches brisées.

Le premier étage du terrain diluvien contient peu de débris basaltiques, tandis que le second en renferme beaucoup. Il y a donc de fortes raisons pour croire les éruptions basaltiques et doléritiques contemporaines de la première période de l'époque diluvienne. C'est aux grands courans d'eau chargée d'acide carbonique, sortis avec les basaltes ou même avant eux, que j'attribue le transport de tous les matériaux qui composent actuellement le grand attérissement diluvien, comme j'ai essayé de le prouver dans mon mémoire sur le terrain diluvien de la vallée du Rhin (1).

Ce que nous venons d'exposer sur les mouvemens qui ont disloqué la région dans laquelle se trouvent les deux groupes de montagnes qui bordent la vallée du Rhin, prouve que cette région a éprouvé au moins quatre grandes époques de soulèvement :

La première, par les leptinites et les granites, qui ont donné au terrain son premier relief;

La seconde, par les eurites et les porphyres, qui paraissent avoir agi du sud au nord, puisque les montagnes s'a-

(1) Voyez le premier cahier du journal de géologie.

baissent en marchant dans cette direction, qui a été la plus violente; elle a donné aux montagnes les formes qu'elles ont maintenant, et porté un grand nombre de leurs sommets au-dessus des eaux;

La troisième, par les ophiolites, qui n'ont agit d'une manière sensible que sur les flancs de la chaîne et sur les roches postérieures au grès vosgien;

Enfin la quatrième, par les basaltes et les dolérites, dont l'action a encore été moins puissante et plus bornée que celle des ophiolites. Aucun de ces soulèvemens n'a produit des lignes parallèles de relief ou de dépression, comme l'a avancé M. de Beaumont (1); mais bien des massifs disposés d'une manière quelconque, et dont l'ensemble constitue la région des roches cristallines, dans les Vosges et dans le Schwarzwald.

On a vu (§ 2 et § 3), que chacun de ces massifs avait une partie centrale (cône, plateau ou sommet arrondi, suivant la nature des roches), de laquelle divergent en s'abaissant toutes les autres, à mesure qu'elles s'en éloignent : c'est le *centre de soulèvement*, le lieu du maximum d'intensité de la force soulevante. Cette intensité allait en diminuant tout autour de ce point, jusqu'à ceux où elle était nulle, ou bien où les productions de deux centres venant à se rencontrer, il y avait formation d'un col, et de deux de pressions latérales qui se réunissaient à ce col. On conçoit bien qu'il a pu se former des centres secondaires autour du centre principal, dont les productions se sont rattachées au siennes, enfin que les productions elles-mêmes se sont divisées, et ont jeté ainsi des ramifications dans leur cours. Il a pu aussi arriver que par un soubresaut, une partie en dehors du centre ait été portée à une plus grande hauteur que lui, comme cela se voit au Drumont, à l'est de Bussang. Mais ce point se trouve essentiellement distingué du centre, parce que ce n'est pas de

(1) Recherches sur quelques-unes des révolutions de la surface du globe, etc.

Lui que partent les ramifications : il est lui-même situé sur une de ces ramifications.

La manière dont je suppose que les massifs de soulèvement se sont produits, est tout à fait en rapport avec les lois de la mécanique et la nature des choses : la force intérieure qui tendait à soulever une masse liquide ou pâteuse, recouverte par une croûte solide, tendait évidemment aussi à rompre celle-ci. Comme les différentes couches solides qui composent la croûte oxidée du globe ne sont point homogènes, et que leur épaisseur n'est pas partout la même, principalement dans les terrains anciens, il est évident qu'il devait exister, dans une certaine étendue de pays, un point de minimum de résistance. C'est à ce point qu'a dû avoir lieu le maximum de soulèvement, et que se trouve aujourd'hui le centre de ce même soulèvement. La résistance allant en augmentant tout autour de ce point, le soulèvement a été en diminuant, et à la limite l'un a été comprimé par l'autre. La surface qu'occupent maintenant les masses de montagnes soulevées, a dû être divisée en un certain nombre de semblables régions, dans chacune desquelles s'est formé un des massifs dont la réunion constitue aujourd'hui ce que l'on appelle une chaîne. D'après la manière même dont les soulèvemens se sont opérés, il est clair qu'au point de rencontre des ramifications de deux centres différens, il doit se trouver une dépression; puisqu'à ce point la hauteur est moins considérable que dans tous ceux de la courbe, qui, s'appuyant sur les crêtes des ramifications, joindrait les sommets des deux centres. Ceci ayant lieu pour tous les centres dont les ramifications se joignent, on conçoit que l'ensemble des productions de chacun sera compris dans une courbe fermée généralement irrégulière, qui passerait par tous les cols de séparation, et le pied des ramifications qui s'étendent dans les plaines et dans le fond des vallées, où elles ne se rencontrent point avec d'autres. L'espace renfermé dans la suite de ces courbes représente une région de soulèvement. Si par hasard c'était un cercle ou une ellipse, il est probable que le centre de soulèvement ne se trouverait pas au centre de la courbe; car il faudrait pour cela que ce fût en même temps le point de moindre résistance, et que celle-ci diminuât uniformément du centre à la circonférence, pour que toutes les ramifications soient d'égale longueur. En général, le centre de soulèvement n'est point au centre de la courbe; quelquefois, au contraire, il en est très-éloigné et s'approche beaucoup de la circonférence, comme cela arrive pour la plupart des centres de la formation granitique, et particulièrement pour les ballons d'Alsace et de Servance; alors les escarpemens se trouvent près de lui, parce que c'est là que les ramifications sont les plus courtes, tandis que les pentes douces, qui appartiennent aux ramifications les plus longues, s'en trouvent très-éloignées. Il résulte de là que quand on veut déterminer la position d'un centre de soulèvement, c'est toujours dans le voisinage des escarpemens qu'il faut le chercher.

Les espaces vides que laissent entre elles les ramifications sont des vallées qui divergent du centre, absolument de la même manière que ces ramifications elles-mêmes (voyez la carte).

Elles commencent toutes par un cirque, dont la forme et l'aspect annoncent qu'il a été bien souvent produit par des éruptions gazeuses, qui ont projeté la matière fondue tout autour du centre d'éruption. Tous les cirques de la formation entritique me paraissent devoir leur existence à une cause semblable. Ils prennent leur origine à la base du centre de soulèvement, où il se formait certainement des trous et des crevasses, par lesquels les gaz intérieurs se dégageaient, en se dilatant et corrodant les flancs des deux ramifications entre lesquelles l'éruption gazeuse avait lieu, ce qui devait nécessairement former un cône vide renversé. Au pied de chacune des ramifications, de semblables phénomènes ont dû se produire, aussi trouve-t-on sur leurs flancs de nombreuses dépressions hémiconiques : ce n'est que quand la dépression est comprise entre deux ramifications, d'un ordre quelconque bien entendu, que sa surface dépasse un demi-cône. Les ramifications des eurites et des porphyres offrent de nombreux exemples de ce fait.

Dans le soulèvement d'une croûte solide par une masse ignée inférieure, il peut arriver trois cas : 1° la croûte peut être percée et détruite en partie dans la région de soulèvement; 2° elle peut être brisée suivant une ligne fort irrégulière, et une grande portion soulevée en tournant autour d'une charnière, en même temps que l'autre monte peu, ou retombe même dans le vide qu'à laissé la matière liquide en se soulevant; 3° enfin, la croûte solide, formant un dôme, peut être portée à une certaine hauteur, et si dans cette action ses flancs viennent à se fendre, la matière liquide jaillira par les fentes et s'épanchera au pied de la montagne.

Dans le premier cas, se trouvent tous les massifs du groupe entritique, et le massif doléritique du Kaiserstuhl. Les montagnes sont des cônes formés par les roches soulevantes et sur leurs flancs, à différentes hauteurs, on voit les débris de la croûte solide qu'elles ont brisée dans leur éruption. Ces débris sont si irrégulièrement disposés, il y a tant de solutions de continuité entre eux, qu'on ne peut point admettre que leur ensemble se trouve sur une surface déterminée, pas plus pour les eurites et les porphyres, que pour les dolérites du Kaiserstuhl. Dans le cas particulier d'un cône simple, comme il arrive pour le sommet de Balverche, par exemple, qui perce la croûte granitique, les débris se trouveraient former une surface conique, dont l'intérieur serait rempli par la matière soulevante, formant elle-même un cône, dont le sommet est plus ou moins élevé que celui des nappes soulevées, suivant l'angle d'inclinaison de ces nappes. C'est là ce que M. de Buch, et d'après lui M. Dufrénoy et Beaumont, appellent un cratère de soulèvement (1). Ces géologues prétendent que ce cratère est une dépression formée par l'ensemble des nappes soulevées. Ceci ne peut avoir lieu que dans le cas où la masse soulevante serait un gaz ou un

(1) Mémoire sur les groupes du Cantal et du Mont-d'Or.

liquide qui se perde en se dégageant; mais si c'est une matière solide ou pâteuse, comme l'ont été les porphyres, les eurites, les dolérites et les basaltes, il est clair que l'espace compris entre les nappes relevées sera rempli par la matière soulevante, formant un cône plus ou moins aigu, suivant la force d'ascension. C'est du reste ce qui se voit parfaitement dans les Vosges, la Forêt-Noire et le Kaiserstuhl.

La masse du Kaiserstuhl a été produite par des soulèvemens, et point du tout par des éruptions sorties d'un ou de plusieurs cratères analogues à ceux des volcans actuels. Dans aucune partie de cette contrée volcanique, il n'existe de traces de cratère. On remarque deux centres principaux de soulèvement (sommets du Kaiserstuhl et de Santa-Catharina), plus un grand nombre de centres d'ordres inférieurs, se rattachant plus ou moins directement aux centres principaux, et deux très-petits (ceux de Sasbach et d'Alt-Breisach) qui paraissent isolés. Les productions des deux centres principaux se réunissent à un col, duquel partent deux grandes vallées qui séparent ces productions. Le cirque de la plus considérable de ces vallées (celle de Schohlingen à Rothwill) est tapissé par une masse calcaire qui a été soulevée, brisée et altérée par la dolérite, qui forme de nombreux filons dans son intérieur. D'autres masses calcaires, d'une nature différente de celle-ci, se trouvent également relevées à une certaine distance des montagnes doléritiques. Ce sont là les restes de la croute percée dans l'éruption, et qui sont loin de former un cirque. Quand bien même ces restes seraient disposés de manière à former un cirque, l'intérieur, au lieu de présenter une dépression, ne serait pas moins rempli par la masse doléritique, qui est, comme je l'ai déjà dit, le résultat du soulèvement d'une matière pâteuse.

Tous les faits que nous venons d'exposer démontrent que, dans le cas du soulèvement d'une croûte solide par une masse en fusion, les fractures qui se produisent dans l'éruption de cette masse, sont toujours remplies par elle, et qu'il ne peut y avoir un vide, un cratère de soulèvement, à la place de la surface détruite, qu'autant que la masse soulevante serait retombée dans une cavité existant par dessous, ce qui généralement n'est pas arrivé.

Ceci me fait dire que les partisans de la théorie des cratères de soulèvement n'ont pas bien analysé toutes les circonstances du phénomène ; car autrement ils auraient compris que les fentes produites entre les diverses parties de la masse soulevée, doivent généralement être remplies par la masse soulevante, toutes les fois que cette masse n'est pas un gaz ou un liquide.

Nous venons de voir comment les soulèvemens se sont effectués dans les deux chaînes qui bordent le Rhin ; mais toutes les parties de ces chaînes n'ont point été soulevées. Dans la plupart des montagnes de grès vosgien, les strates étant parfaitement horizontaux, sont certainement encore dans leur position primitive, et la grande quantité de débris qui gît au pied de ces mêmes montagnes annonce qu'elles ont été formées par dénudation ; en outre, on ne les voit jamais se rattacher à une partie centrale comme les montagnes de soulèvement ; des cônes isolés dans le milieu des vallées, sur le dos des plateaux, sont des témoins attestant l'ancienne existence du grès jusqu'à la hauteur où leur sommet se trouve maintenant ; les montagnes réunies sont tellement disposées qu'on peut voir qu'elles résultent de la découpure, par des érosions quelconques, d'une grande surface inclinée.

Je pense que la masse de grès qui, lors de la retraite des eaux de la mer, couvrait une grande partie de la surface des Vosges, jusqu'à plus de 1000 mètres d'élévation au-dessus de la mer actuelle, et s'étendait fort loin au pied en diminuant d'épaisseur, présentait déjà beaucoup d'inégalités superficielles, produites par le mouvement des eaux sous lesquelles elle s'était formée et qui l'avait baignée ensuite pendant long-temps ; et cela, parce que la roche est très-facilement décomposable. Lorsque la grande débâcle diluvienne est arrivée, la masse du grès a été corrodée de nouveau, ce que démontre le grand nombre de ses débris que renferme l'attérissement diluvien. Ensuite les eaux pluviales et les autres agens atmosphériques, agissant continuellement sur les montagnes déjà formées, ont encore concouru à leur donner la forme qu'elles présentent aujourd'hui.

Des phénomènes du même genre ont dû avoir lieu dans toutes les parties des groupes de montagnes composés de couches horizontales. Depuis long-temps cette théorie est admise pour les montagnes de craie et de calcaire marneux ; elle doit être appliquée également aux montagnes de calcaires compactes et oolitiques, comme celles de la Bourgogne, comprises entre Châlons et Dijon, où les couches sont parfaitement horizontales, et au pied desquelles il existe une vaste plaine couverte d'un terrain de transport composé des débris de ces mêmes calcaires.

Les chaînes de montagnes peuvent donc être, et sont réellement, formées par deux causes, les soulèvemens et les dénudations.

Ce que l'on nomme chaîne de montagnes, est une surface très-inégale sur laquelle se trouvent des accidens de ces deux espèces. Les massifs de soulèvement, en se formant, se sont disposés d'une manière quelconque. Dans leur ensemble on remarque plusieurs lignes courbes, généralement très-compliquées, qui forment le partage des eaux entre les versans situés de chaque côté d'elles. Parmi ces lignes de partage, il en existe une, beaucoup plus irrégulière que toutes les autres, qui divise la chaîne en deux parties dans le sens de sa longueur, et que l'on nomme le faîte. On croit encore que c'est sur cette ligne que se trouvent les points les plus élevés, et que toutes les ramifications vont en s'abaissant à mesure qu'elles s'en éloignent. Ceci n'a point généralement lieu dans les deux chaînes de montagnes qui bordent le Rhin. Dans les Vosges, plusieurs centres de soulèvement, et notamment le ballon de Guebwiller, situés beaucoup en-dehors du faîte, sont plus élevés qu'aucun de ses sommets, et poussent des rameaux qui vont en s'abaissant à mesure qu'ils s'approchent de ce faîte, avec les productions duquel ils se réunissent toujours par un col. Quelques-uns des centres de soulèvement qui sont sur cette ligne, jettent des rameaux qui s'étendent jusque dans les plaines; mais cela n'a pas généralement lieu, et ordinairement les rameaux des massifs qui composent le faite vont rencontrer ceux d'autres centres situés à une certaine distance en-dehors.

Les centres de soulèvement ne se trouvent jamais en grand nombre, disposés sur des arcs de cercle qui offrent à l'œil l'aspect d'une ligne droite. Ceux mêmes qui composent les crêtes principales, et qu'on pourrait, jusqu'à un certain point, regarder comme alignés, se trouvent sur une courbe à double courbure fort irrégulière. Il existe dans les Vosges deux grandes lignes de cette espèce : la crête générale dirigée du S.-S.-O. au N.-N.-O., qui, abstraction faite de toutes ses sinuosités, est inclinée de 27° sur le méridien; l'autre, dirigée E.-E.-S. à O.-O.-N., lui est à peu près perpendiculaire. M. de Beaumont, qui détermine l'époque de soulèvement des montagnes d'après la direction des grandes lignes qu'on peut y reconnaître, doit voir dans celles qui nous occupent des époques de soulèvement bien différentes : eh bien! il n'en est point ainsi; ces deux crêtes ont été élevées dans la même période géologique, l'éruption des eurites et des porphyres, qui a eu lieu entre le dépôt du terrain houiller et celui du grès rouge. On peut, en combinant un certain nombre de centres de soulèvement, trouver plusieurs directions faisant différens angles entre elles, quoiqu'ayant cependant été soulevées à la même époque, ce qui infirme complètement les suppositions de M. de Beaumont, qui ne sont du reste en rapport ni avec la nature des choses ni avec les lois de la mécanique.

Quand, après les soulèvemens, des dépôts de sédiment sont venus se former sur la surface des aspérités produites, ils ont dû se modeler dessus, et, après la retraite des eaux, présenter des montagnes tout à fait en rapport avec celles qu'ils avaient recouvertes, que les eaux diluviennes et les autres agens destructeurs sont venus modifier ensuite.

Quand le relief produit par les soulèvemens était peu considérable, et que les dépôts aqueux avaient une grande puissance, il a dû disparaître dessous, et la masse élevée présenter plusieurs plateaux, sur lesquels existaient des dépressions correspondantes à celles de la surface recouverte. C'est dans ces dépressions que les eaux de l'atmosphère et celles sortant de l'intérieur de la terre se sont réunies, et dont l'action, continuée pendant un temps fort long, a fini par creuser les vallées qui existent maintenant à la place de ces dépressions, et donner aux montagnes leurs formes actuelles.

Les deux sortes d'aspérités que je viens de décrire, et qui ont chacune une origine bien différente, existent dans toutes les chaînes de montagnes composées de roches dont les couches ou les masses sont inclinées, et d'autres dont les couches sont sensiblement horizontales. Ainsi il faut bien se garder d'attribuer aux soulèvemens seuls, pas plus qu'aux dénudations, tous les accidens que présentent les chaînes de montagnes : ces deux causes ont agi l'une après l'autre pour les produire, et il a pu y avoir plusieurs fois alternance dans leur action. Ces phénomènes ont encore lieu maintenant à la surface du globe, mais sur une échelle moins grande, probablement, que dans les temps géologiques.

Maintenant que nous avons bien détaillé tous les faits à la découverte desquels l'étude de la constitution géognostique de la chaîne des Vosges nous a conduit, montré la liaison qui existe entre eux, et déduit les conséquences auxquelles leur combinaison peut conduire, nous allons rappeler en peu de mots les principaux résultats auxquels nous sommes parvenus. Les groupes géognostiques qui entrent dans la composition de la chaîne des Vosges sont, en allant de bas en haut :

1° *Les trapps*; 2° *les eurites, porphyres et diorites*; 3° *le granite, la siénite et la protogine*; 4° *le leptinite avec ses ophiolites*; 5° *le gneiss*; 6° *le mica-chiste*; 7° *les phyllades*, nommés *schistes de transition*; 8° *la grande formation houillère*; 9° *la formation du grès rouge*, comprenant trois étages, *grès rouge, grès vosgien et grès bigarré*; 10° le groupe du *muschelkalk*, qui ne se trouve que sur les flancs avec plusieurs autres formations secondaires qui lui sont supérieures; 11° un *terrain tertiaire* avec calcaire lacustre qui gît au pied des montagnes dans la vallée du Rhin; 12° *le grand atterissement diluvien* avec ses basaltes et ses dolérites; 13° enfin les *produits de l'époque actuelle*, parmi lesquels les sources minérales et thermales, et la tourbe qui se forme encore sur les flancs et les sommets des montagnes, sont les plus remarquables.

Les roches cristallines qui entrent dans la composition des montagnes des Vosges sont identiques avec celles de toutes les contrées de la terre, dont j'ai pu examiner un grand nombre d'échantillons. Cette identité remarquable me porte à croire que l'ordre dans lequel les différentes roches se présentent dans ces montagnes doit être le même partout. Sur les points où elles se trouvent toutes réunies comme dans les Vosges, je ne doute pas qu'on ne reconnaisse bientôt l'exactitude de ce que j'avance, et j'engage les géologues de tous les pays à étudier avec soin les groupes de roches cristallines qui se trouvent à leur proximité.

Dans son essai géognostique sur le gisement des roches, où M. Humboldt à consigné tant d'observations curieuses sur les terrains anciens de l'Amérique, on peut retrouver tous les termes de la série géognostique, inférieure au gneiss, avec une grande partie des caractères qui leur sont propres dans les Vosges.

Dans le plateau central de la France, M. Dufrénoy a reconnu presque toutes les roches que nous avons décrites, et il a montré, avec une grande clarté, qu'elles se lient intimement les uns aux autres, et que les porphyres passent au granite par degrés insensibles; mais il n'a pas pu voir les masses développées sur une assez grande échelle pour établir l'ordre dans lequel elles se succèdent. Les porphyres du centre de la France, pénètrent dans la formation houillère comme ceux des Vosges; mais n'entrent jamais non plus dans un grès rouge supérieur, que M. Dufresnoy rapporte au grès bigarré, le troisième étage de notre groupe du grès rouge.

En Bretagne, M. Boblaye a vu des eurites et des porphyres

formant des filons dans le granite, le gneiss et le mica-chiste. Un eurite compacte verdâtre, métallifère qui se montre en filons dans le granite, le gneiss et le mica-chiste, forme une bande de 50 lieues de longueur, sensiblement parallèle à la côte méridionale de la Bretagne, qui s'étend depuis Quimper jusqu'au bord de la Loire. Elle coupe le terrain houiller de Saint-Georges-Châtelaison et de plusieurs autres petits bassins qui gisent sur son passage. Le granite qui se trouve en contact avec cet eurite, est ordinairement talqueux et schistoïde.

Dans les porphyres de l'Ecosse, qui sont développés sur une grande échelle, et constituent beaucoup de montagnes, M. Boué a observé des modifications tout à fait de même nature que celles que nous avons signalées dans les Vosges. A Edimbourg, ces porphyres pénètrent au milieu du grès houiller.

La formation granitique de Cornouailles, est coupée par des filons et de grosses masses (elcvan course) d'un porphyre feldspathique qui passe insensiblement au granite.

Les phénomènes que présentent les roches cristallines des Vosges, doivent également se reproduire dans celles du Schwarzwald; la petite portion que j'ai visitée de cette dernière chaîne et les échantillons de toutes ses roches, que j'ai vus dans la collection de Bâle, m'en donnent la certitude.

D'après les travaux de M. de Bonnard et ceux de M. Hoff, publiés long-temps après, toutes les espèces de roches cristallines des Vosges se retrouvent dans les montagnes de la Saxe, où elles se comportent absolument de la même manière les unes par rapport aux autres. Il est donc extrêmement probable qu'elle doivent se succéder aussi dans le même ordre. Je pourrais encore citer plusieurs autres exemples; mais en voilà assez, je pense, pour faire comprendre aux observateurs que les faits nouveaux qui viennent d'être découverts dans les Vosges, ne sont point particuliers à cette contrée, et qu'il est de la plus haute importance pour la science qu'ils soient étudiés avec soin dans toutes celles où on pourra les observer.

Ce que j'ai dit sur le groupe doléritique du Kaiserstuhl, prouve que les roches qui le composent ne sont point sorties de l'intérieur de la terre par un ou plusieurs cratères, et qu'elles n'ont point coulé comme les laves des volcans éteints, ni de ceux encore maintenant en activité. C'est une masse en fusion, plus ou moins pâteuse qui a été élevée par des forces intérieures sur un espace donné en brisant la croûte solide qui s'opposait à son passage. Les différentes variétés que présente aujourd'hui cette même masse, proviennent de l'hétérogénéité de la matière fondue, et des influences différentes sous lesquelles ses diverses parties se sont solidifiées.

Les dolérites sont de même âge que les basaltes, dont l'ensemble constitue une grande époque d'éruption comtemporaine de la première période du grand attérissement diluvien. Je n'ai pas vu assez de masses basaltiques pour être à même de décider si leur mode de formation est le même que celui des dolérites du Brisgaw; mais celles que j'ai pu étudier et les descriptions que j'ai lues des autres, me font reconnaître une très-grande analogie entre elles; et je crois bien que les basaltes anciens n'ont pas plus coulé que les dolérites, et qu'ils ont également été soulevés à l'état pâteux; les trachytes, les roches scoriacées et les conglomérats qui les accompagnent, sont des modifications de la masse et point du tout les produits d'éruptions différentes. Le trachyte n'est pour moi que du basalte porphyrique, qui a perdu son pyroxène entièrement ou en partie. Le basalte lui-même n'est qu'une dolérite dans laquelle le feldspath et le pyroxène sont à l'état compacte, le second étant un peu plus abondant que le premier. Alors on conçoit facilement que toutes les variétés de roches que présentent les masses doléritiques doivent également exister dans les masses basaltiques.

Puits forés.

Je ne saurais terminer mon travail sur les Vosges sans dire quelques mots sur le forage des puits, afin d'empêcher les habitans de ces montagnes d'entreprendre des travaux inutiles pour la recherche des sources jaillissantes, et leur apprendre à se défier de tous les charlatans qui ne veulent que les tromper en offrant, moyennant salaire, de les diriger dans ces sortes de travaux.

Les sources jaillissantes, provenant vraisemblablement de grands courans d'eau souterrains, ne peuvent être obtenues que dans les contrées où existent des masses argileuses, assez étendues pour permettre à l'eau de couler dessus pendant long-temps, au lieu de filtrer dans les profondeurs du globe. Ainsi, il ne faut faire aucune recherche dans tous les endroits où les roches cristallines, les phyllades et même le grès rouge, se montrent à la surface du sol, parce qu'il n'y a point de couches argileuses dans ces roches : celles qui se trouvent à la partie inférieure du grès rouge, (les argilolites et les argilophyres) sont trop peu étendues pour que des courans souterrains aient pu s'établir dessus. Les pays occupés par le muschelkalk, les marnes irisées et le terrain jurassique, comme les environs de Remberwillers, de Charmes, de Mirecourt, de Neufchâteau, les plaines du département de la Haute-Saône, les environs de Béfort, enfin toutes les parties de la plaine du Rhin où se trouvent les mêmes formations, recouvertes çà et là par des lambeaux du terrain tertiaire, sont les seules contrées dans lesquelles on puisse entreprendre des travaux avec quelques chances de succès.

Il ne faut pas chercher non plus des eaux jaillissantes dans le terrain diluvien, les couches argileuses qu'il renferme n'ayant jamais une grande étendue. C'est une faute que l'on a commise à Strasbourg, et qui a coûté cher aux entrepreneurs. Cependant si l'on était certain de l'existence d'une formation argileuse sous le terrain diluvien, comme celles des marnes irisées, du lias où même des marnes tertiaires, on pourrait entreprendre de le percer pour arriver jusqu'à elle; mais dans la ferme conviction de ne trouver des eaux jaillissantes qu'au point de contact entre les deux formations, et peut-être même beaucoup plus bas.

FIN.

RAPPORT

SUR UN MÉMOIRE GÉOLOGIQUE DE M. ROZET.

Commissaires : MM. Brongniart, Beudant *et* Cordier.

L'Académie nous a chargés, MM. Brongniart, Beudant et moi, de lui faire un rapport sur un travail qui lui a été présenté par M. Rozet, Capitaine d'Etat-major, et qui est intitulé : *Mémoire géologique sur les terrains anciens de la chaîne des Vosges.*

Ce travail a été imprimé et publié presque immédiatement après sa présentation, et, d'après l'usage, il n'y aurait pas lieu de la part de l'Académie d'en manifester son opinion, si la lettre d'envoi et les coupes qui l'accompagnent avaient été également publiées ; mais cette lettre et ces coupes ne l'ont pas été : en outre, plusieurs séries d'échantillons de roches données au muséum d'histoire naturelle par l'auteur ont été présentées par lui, pour servir de preuves aux résultats de ses recherches. Dès-lors vos commissaires ont pensé qu'il y avait lieu de faire un rapport et de vous soumettre des conclusions.

Le mémoire de M. Rozet est l'extrait d'un ouvrage fort étendu sur les Vosges, qui est maintenant sous presse. Ce mémoire renferme les résultats des principales observations que l'auteur a été dans le cas de faire dans la partie ancienne de ces montagnes, pendant la durée des opérations topographiques qu'il a été chargé d'y exécuter d'après les ordres de M. le Ministre de la guerre. Voici ces résultats :

Les terrains qui constituent les montagnes dont il s'agit, appartiennent, suivant l'auteur, à onze formations distinctes, qui sont, à partir des terrains supérieurs, savoir : les alluvions de l'époque actuelle, le terrain diluvien avec ses roches basaltiques, le grès rouge, le terrain houiller, les phyllades, le schiste micacé, le gneiss, le leptinite avec ses serpentines, le granite et la syénite, les pétrosilex et les porphyres de toute espèce, enfin un système de roches de trapp qui se trouve ainsi former l'étage tout-à-fait inférieur de cette partie de l'écorce du globe. La puissance des cinq dernières formations est de plus de 2,200 mètres.

M. Rozet fait remarquer que parmi ces onze formations, trois, savoir celle des leptinites, celle des pétrosilex et celle des roches de trapp, sont nouvelles; que les agrégats cristallins qui les composent avaient été depuis long-temps reconnus et même assez bien décrits par plusieurs des observateurs qui se sont occupés des Vosges; mais que l'importance du rôle qu'elles jouent et la place qu'elles occupent dans la série générale des terrains avaient été ignorées jusqu'à lui.

M. Rozet, appelant ensuite l'attention sur celles de ces onze formations qui sont composées de roches cristallines, fait remarquer comme une circonstance importante, que les roches des formations qui sont moyennes dans l'ordre de superposition, offrent en général des parties élémentaires volumineuses, et que le grain de ces parties diminue progressivement, tant dans les formations supérieures que dans les formations inférieures.

L'auteur, considérant de plus que les roches de ces deux formations inférieures portent des traces incontestables d'une origine ignée, qu'elles sont plus compactes et en grande partie plus denses que les roches des formations supérieures, en conclut que, quoique placées à une plus grande profondeur, ces deux formations n'en sont pas moins le résultat d'une consolidation plus récente, résultant du refroidissement successif et intérieur de la terre. Cette consolidation se serait effectuée souterrainement pendant que les terrains houillers se déposaient à la surface, et elle se serait même continuée quelque temps après.

M. Rozet, considérant ensuite que les roches de chacune des quatre formations inférieures pénètrent sous forme de ramifications transversales, sous forme d'amas ou de filons transversaux dans une grande partie des formations qui leur sont respectivement et immédiatement superposées, on tire cette conséquence notable, savoir, que plusieurs bouleversemens et relèvemens ont contribué à former le relief actuel des montagnes des Vosges, et que ce relief n'est pas le produit d'une seule action ni d'une seule époque, ainsi que l'a conjecturé l'un des géologues qui l'ont précédé dans l'étude de cette partie de la France.

Enfin l'Auteur expose qu'une étude approfondie des formes du sol, lui a fait reconnaître qu'il n'est point vrai, ainsi qu'on l'a avancé récemment que dans les deux chaînes qui bordent la vallée du Rhin (, les Vosges et les montagnes de la forêt noire), les massifs constituans soient alignés sur autant de directions parallèles qu'il y a eu d'époques de dislocation et de relèvement; qu'au contraire les massifs constituans sont indépendans les uns des autres, disposés sans aucun ordre régulier, et qu'ils offrent chacun une partie centrale distincte, de laquelle divergent un grand nombre de ramifications qui s'étendent dans tous les sens.

Les détails dans lesquels M. Rozet est entré dans son travail, les coupes de terrains qu'il a dressées, les collections de roches qu'il a recueillies, prouvent que ses observations sont le fruit d'un travail approfondi et consciencieux, et il en doit naître un préjugé très-favorable quant à l'exactitude des résultats. Vos commissaires regrettent que ces résultats importans soient de nature à ne pouvoir être complétement appréciés qu'autant que les faits qui leur servent de base auraient été préalablement vérifiés sur les lieux mêmes qui ont été décrits.

Vos commissaires croient devoir saisir cette occasion pour exprimer combien il serait à désirer que la section de géologie et de minéralogie pût, dans des circonstances telles que celle qui se présente et qui ne sont pas très-communes, obtenir de l'Académie les moyens de faire constater sur place, par un de ses membres, le mérite des recherches renvoyées à son examen.

Dans l'état des choses, et vu d'ailleurs la confiance qu'inspirent les antécédens et les connaissances de M. Rozet, vos commissaires ne craindront pas de porter atteinte au mérite de ses observations, en consignant ici une remarque critique que l'examen des échantillons de roches qu'ils ont eus sous les yeux leur ont suggérée. Ils ont reconnu qu'une partie des roches qui composent la onzième et dernière formation de l'Auteur, n'appartenaient point aux agrégats cristallins, communément compactes, dont le pyroxène ou l'amphibole font la base, et que beaucoup de géologues confondent encore sous la dénomination de trapp ; mais que ces roches étaient de véritables phyllades verts ou noirâtres, imparfaitement feuilletés.

D'après ce qui précède, vos commissaires pensent que le travail de M. Rozet mérite tout l'intérêt des géologues, et qu'il est à desirer que l'ouvrage dont ce travail est l'extrait soit incessamment publié.

Signé à la minute : Brongniart, Beudant et Cordier, rapporteur.

L'Académie adopte les conclusions de ce rapport.

Certifié conforme :

Le Secrétaire perpétuel pour les sciences naturelles,

FLOURENS.

TABLE ALPHABÉTIQUE

DES MATIÈRES.

FIN DE LA TABLE.

TROYES, IMPRIMERIE DE CARDON.

www.ingramcontent.com/pod-product-compliance
Ingram Content Group UK Ltd.
Pitfield, Milton Keynes, MK11 3LW, UK
UKHW020608180726
13838UKWH00001B/495